超级武器

—— 绝密任务 II 要塞之战 ——

肖 叶 主编　　张柏赫 编著

Super Weapon

目录

人物介绍 · · · · · · · · · · · · · · · · 1	"虎"Ⅰ坦克 · · · · · · · · · · · · · 44
绝密任务Ⅱ · · · · · · · · · · · · · · · 2	M2重机枪 · · · · · · · · · · · · · · · 46
枪械集结 · · · · · · · · · · · · · · · · 4	MPi69式冲锋枪 · · · · · · · · · · · 50
坦克集结 · · · · · · · · · · · · · · · · 6	"玛蒂尔达"Ⅱ步兵战车 · · · · · · 52
装甲集结 · · · · · · · · · · · · · · · · 8	猎虎驱逐战车 · · · · · · · · · · · · 56
战机集结 · · · · · · · · · · · · · · · 10	BTR-70装甲输送车 · · · · · · · · 58
SSG-69狙击步枪 · · · · · · · · · · 12	B-52H战略轰炸机 · · · · · · · · · 60
M180自动手枪 · · · · · · · · · · · 14	F-111F战斗机 · · · · · · · · · · · 62
米-8直升机 · · · · · · · · · · · · · · 16	挑战者Ⅱ主战坦克 · · · · · · · · · 64
AK-47自动步枪 · · · · · · · · · · · 18	图-16轰炸机 · · · · · · · · · · · · 68
捷格加廖夫轻机枪 · · · · · · · · · 22	突击虎自行火炮 · · · · · · · · · · 70
PBY-5A水上飞机 · · · · · · · · · · 24	F-15E战斗机 · · · · · · · · · · · · 74
卡-27反潜直升机 · · · · · · · · · · 26	B-24D轰炸机 · · · · · · · · · · · · 78
KV-2重型坦克 · · · · · · · · · · · · 30	马克沁机枪 · · · · · · · · · · · · · 80
BMP-1步兵战车 · · · · · · · · · · · 32	汤普森冲锋枪 · · · · · · · · · · · · 84
M26 重型坦克 · · · · · · · · · · · · 34	波波莎冲锋枪 · · · · · · · · · · · · 86
A-10攻击机 · · · · · · · · · · · · · 36	格洛克17式9毫米手枪 · · · · · 88
P-61C战斗机 · · · · · · · · · · · · 38	P7M13手枪 · · · · · · · · · · · · · 90
T-18坦克 · · · · · · · · · · · · · · · 40	AH-64A武装直升机 · · · · · · · · 92
IS-3重型坦克 · · · · · · · · · · · · 42	

欢迎来到"超级武器"军事演习模块,我是这次行动的AI战士,接下来由我为各位做相关介绍:猎鹰小队的5名战士,是供各位选择的人物身份。请仔细阅读战士们的个人简介,了解他们擅长的作战技巧,谨慎做出选择。选好的人物无法修改,进入虚拟作战区后,将以该战士作为第一视角进行战斗,你准备好了吗?

→AI←

人物介绍

龙芯 猎鹰队长 | **马克** 暗影杀手 | **卡尔** 近战专家 | **唐德** 极速蜻蜓 | **麦迪** 极速追击者

龙芯队长作战经验非常丰富,总能在关键时刻做出准确判断从而逆转战局,带领大家一起完成各种艰巨任务。

马克是一名优秀的狙击手,也是一名坦克驾驶员,可以驾驶坦克完成各种惊险任务,还经常单兵深入敌后作战。

卡尔是一名特种兵战士,具有其他兵种所不具备的近身巷战、徒手格斗、暗夜突袭能力,对各种枪械都非常熟悉。

唐德是队伍中最年轻的战士,一名出色的飞行员。他了解各种战机性能,在空战中沉着冷静,总能做出正确的判断。

麦迪是一名训练有素的飞行员,身经百战的他能够熟练驾驶各种军用飞机。在空对空战斗中,击落敌机无数。

绝密任务 II
要塞之战

这是此次行动的作战地图，请尽快制订作战计划，这是你们唯一一次看到地图全貌的机会。此次各位将在"黑暗圣域"执行对敌军要塞——绝境王城的突击任务，并保证城中平民不受伤害，请务必在8小时内完成任务。绝境王城地势复杂，易守难攻，但这里刚刚结束一场战斗，武器弹药锐减，机会难得，祝各位好运！

限时 07:59:59

作战地图

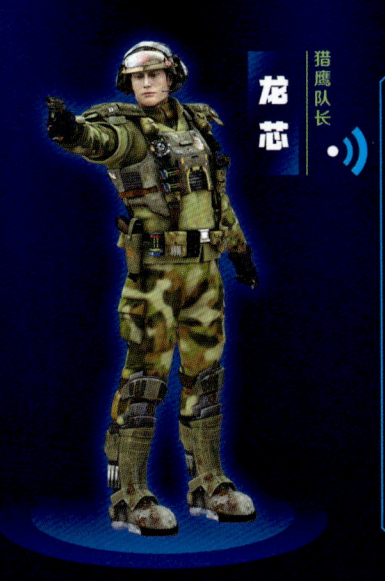

龙芯 猎鹰队长

我是龙芯，猎鹰小队队长。接下来，各位将和我一起进入“黑暗圣域”展开一场要塞之战。现在，请记住绝境王城的地理位置，了解作战武器，尽快制订作战方案。8 小时的时间，要攻下一座防御严密的城市实属不易，而且还要保证平民的安全，这无疑又增加了任务难度。要塞之战即将打响，猎鹰小队整装待发！

Super Weapon

作战场地

黑暗圣域

X:183 Y:265

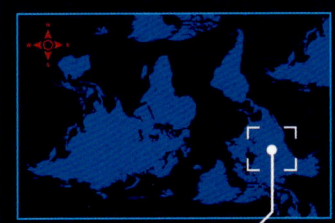

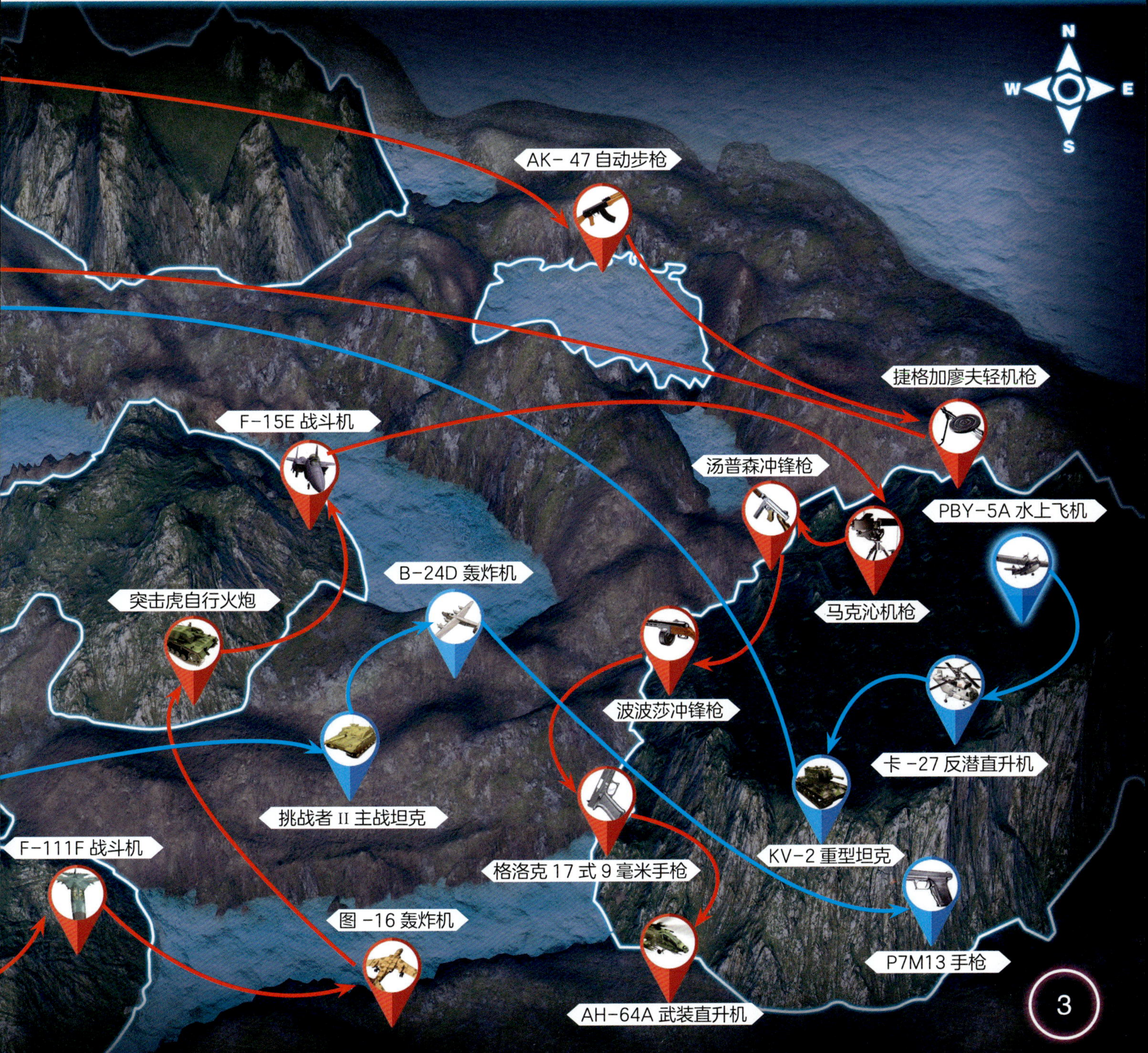

N
W
E
S
AK- 47 自动步枪
捷格加廖夫轻机枪
F-15E 战斗机
汤普森冲锋枪
PBY-5A 水上飞机
B-24D 轰炸机
突击虎自行火炮
马克沁机枪
波波莎冲锋枪
卡 -27 反潜直升机
挑战者 II 主战坦克
KV-2 重型坦克
F-111F 战斗机
格洛克 17 式 9 毫米手枪
图 -16 轰炸机
P7M13 手枪
AH-64A 武装直升机

枪械集结

这是本次任务中的枪械集结。在任务中,需要多种枪械的密切配合才能获胜,你必须准确了解每种枪械的特点。比如,重火力机枪适合掩护,灵巧的手枪适合近战突袭……而冲锋枪不但火力很强而且兼备灵活轻便的特点,适合近战或冲锋。在要塞之战任务中,我们需要尽快到达绝境王城,面对随时可能出现的敌军拦截队伍,冲锋枪将是不错的轻武器选择。请认真了解冲锋枪的相关信息,在战斗中谨慎选用。

1. 什么是冲锋枪?

冲锋枪是一种短枪管,发射手枪弹,介于手枪和机枪之间的自动枪械,在 200 米内具有良好的杀伤效力。既可以作为突击火力装备步兵,也可以装备空降兵、装甲兵、侦察兵、警卫部队等其他兵种。

P7M13 手枪	M180 自动手枪	格洛克 17 式 9 毫米手枪	MPi69 式冲锋枪	汤普森冲锋枪	波波莎冲锋枪

2. 冲锋枪的历史

冲锋枪是意大利在第一次世界大战期间发明的，最初只是作为一种超轻型机枪，紧跟步兵冲锋并为其提供火力支援。到了第二次世界大战时期，冲锋枪的发展进入全盛阶段，出现了很多经典枪型，此时的冲锋枪多采用冲压、焊接和铆接工艺，降低了生产成本，加快了生产速度，装备数量得到大幅度提升。

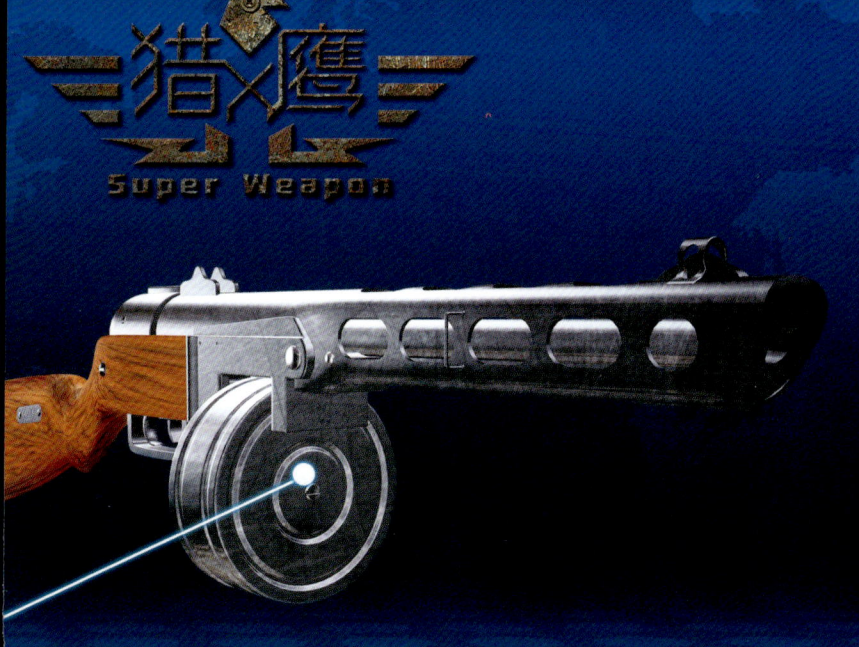

3. 冲锋枪的特点

冲锋枪体积小，质量轻，灵活轻便，携弹量大，在近战和冲锋中能起到关键性作用。现代冲锋枪体积更小，多装备特种部队和警察，口径多为9毫米，使用标准9毫米×9毫米"帕拉贝鲁姆"手枪弹。

马克沁机枪

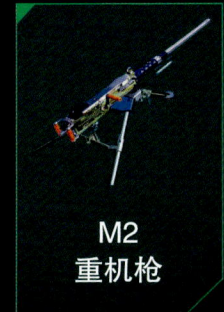
M2重机枪

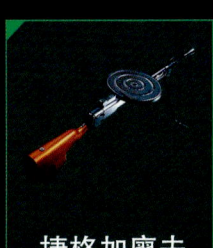
捷格加廖夫轻机枪

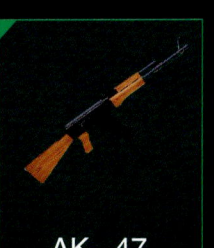
AK-47自动步枪

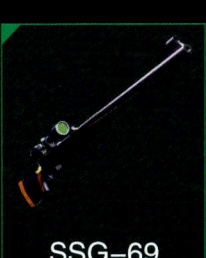
SSG-69狙击步枪

坦克集结

这是本次任务中的坦克集结。作为地面作战的突击武器，坦克主要用于与敌方坦克作战、摧毁敌方阵地、消灭敌军战斗力量。在要塞之战任务中，想要攻克守卫森严的绝境王城，重火力坦克一定会成为地面攻击的首选。而坦克除了拥有强劲的火力之外，还可以让车内人员和武器处于相对安全的作战环境中，对于保证我方战斗力量具有一定优势。现在，坦克信息已经生成，请仔细阅读。

1. 行动自如

不要被坦克的"大块头"给骗了，它们可是一种行动自如的钢铁巨兽。坦克不但能爬上30度的斜坡，还能轻松跨越3米的壕沟，爬过1.2米高的垂直墙体。而且坦克的加速性也很好，当速度较慢的炮弹袭来时，坦克可以做蛇形运动躲避攻击。

KV-2 重型坦克

T-18 坦克

"虎" I 坦克

2. 加厚"外衣"

坦克的防护性超强,这全靠车身坚固的装甲。在坦克发明初期,装甲多用较薄的钢板制成,防护性并不强;后来,随着新材料新技术的出现,坦克的装甲防护能力开始大幅度提高;现在,如果算上一定的倾角(装甲和水平面的夹角),有些坦克的装甲厚度能达到250毫米左右。有了这层加厚"外衣",战士们就可以安心地坐在里面,穿越枪林弹雨的阵地了!

3. 灵活的转向系统

坦克有一个灵活的转向系统,这个系统可以让坦克两侧的履带以不同的速度运动。哪一侧履带运动得较慢,车体就转向哪个方向。如果想要"掉头",只要把一侧的履带停住,靠另一侧履带产生的动力就能带动整个车身,实现原地"掉头"。

挑战者Ⅱ主战坦克

IS-3 重型坦克

M26 重型坦克

装甲集结

这是本次任务中的装甲集结。在要塞之战任务中,我军的大规模作战部队需要在有限的时间内抵达绝境王城。所以,如何让战士们安全快速地到达战场,是一项艰巨的任务。步兵战车作为步兵机动作战的装甲车辆,是步兵的移动堡垒,不但能保证战士们的安全,还可以和坦克一起协同作战。现在,请仔细阅读,了解步兵战车的关键信息,在战斗中谨慎选用。

1. 步兵战车的作用

步兵战车可以形成快速机动步兵分队,协同坦克作战,消灭敌方轻型装甲车辆、反坦克火力点、有生力量和低空飞行目标。在战斗过程中,步兵可乘车战斗,也可下车战斗。步兵下车战斗时,车上的乘员可用车上的武器进行火力支援。

猎虎驱逐战车

BTR-70 装甲输送车

"玛蒂尔达" II 步兵战车

2. 不断改进的步兵战车

步兵战车要经常穿梭于战场，为了提高在战场上的生存能力，步兵战车增大火炮口径，增强火力；研制新型弹药，提高弹药的穿甲能力；改装高性能车载设备，提高全天候作战能力；采用复合装甲或反应装甲，增强战车防护性。

3. 步兵战车的分类

步兵战车按结构分为履带式和轮式两种。履带式步兵战车越野性能好，生存能力强，是部队主要的装备车型。轮式步兵战车造价低，耗油少，操作简便，公路行驶速度快，适合在战争中执行转移、运输等任务。

BMP-1 步兵战车

突击虎自行火炮

战机集结

这是本次任务中的战机集结。由于每次任务要达到的目的不同，有时，火力强劲的战斗机或轰炸机都无法完成的任务，那些灵巧的直升机却可以轻松完成。在要塞之战任务中，战前需要对绝境王城展开一次侦察行动，但由于时间有限，留给侦察行动的时间非常短。因此，战士们想要快速到达绝境王城，直升机空降是不错的选择。战机的关键信息已列举完毕，请仔细阅读。

1. 能干的直升机

直升机是一种既能在小场地垂直起落、在空中悬停、近地飞行，又能自由地前飞、后飞、侧飞的飞行器。军用直升机应用范围非常广，可以执行投射、侦察、空降作战、空中机动、反潜、救护和运输等多种任务。

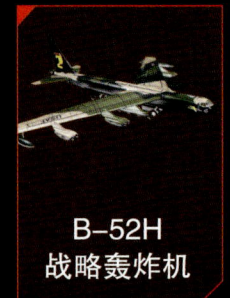
B-52H
战略轰炸机

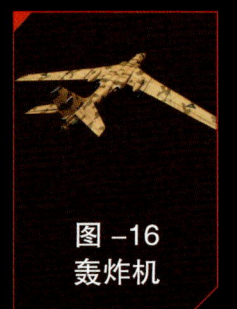
图-16
轰炸机

B-24D
轰炸机

A-10
攻击机

PBY-5A
水上飞机

米-8
直升机

2. 垂直起降的奥秘

直升机垂直起降的原理和一种叫竹蜻蜓的玩具相同。玩竹蜻蜓时,竹片朝上,用双手的手掌夹住下面的细棒,使劲一搓,放开双手,竹蜻蜓就会飞上天空。直升机启动引擎,旋翼迅速旋转,桨叶上方的空气流速变快,下方的空气流速变慢,不同的气流速度在桨叶上下形成压力差,压力差产生升力,当升力大于直升机自重,直升机上升,小于直升机自重,直升机下降,刚好相等,直升机悬停。

3. 直升机地效

直升机悬停时,会产生地面效应。充分利用地面效应可以提高直升机载量,提升直升机的静止升限。所以在有地效时,直升机能在更高的高度上悬停。

卡-27
反潜直升机

AH-64A
武装直升机

P-61C
战斗机

F-111F
战斗机

F-15E
战斗机

知己知彼是战争取胜的关键。为了了解敌军的战备火力情况，我和卡尔、马克以及另外几名战士，组成侦察小组，准备趁夜色悄悄潜入绝境王城，执行侦察任务，探查关键信息。狙击手马克是此次行动的最佳火力掩护，在潜入绝境王城后，他将首先占领高地，做出引导和必要时刻的火力掩护，SSG-69狙击步枪将成为他的最佳搭档。

SSG-69 狙击步枪

生　产　国：奥地利
口　　　径：7.62 毫米
枪　　　长：1140 毫米
全枪质量：4.5 千克
发射方式：单发
容弹量：5 发

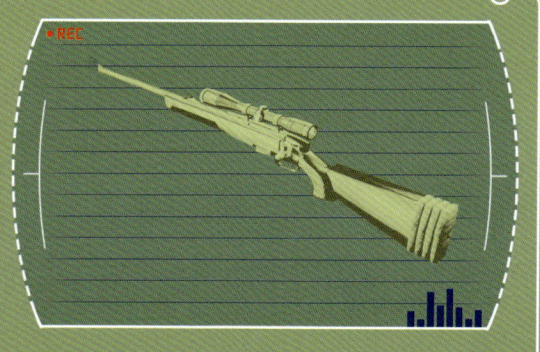

配用弹种

SSG-69狙击步枪发射7.62毫米温彻斯特枪弹，这种子弹有将近100年的历史。

SSG-69狙击步枪是奥地利斯太尔·曼利夏公司研制的一种军警两用型步枪。该枪自1969年起正式装备奥地利联邦国防军以来，连续服役超过30年。SSG-69狙击步枪具有传奇般的高射击精度，先后装备了30多个国家的特种部队。在制造上，该枪采用了当时最先进的冷锻工艺和工程塑料，这不仅大大减轻了枪械质量，而且降低了制造成本。

瞄准器
　　该枪采用 ZF69 瞄准镜，放大率为 6 倍，可以在远距离射击时让狙击手更精确地瞄准目标。

枪托
　　枪托上配有 4 层 10 毫米宽可拆卸的缓冲垫，既可以减少射击时的后坐力，又可以调节整枪长度。

枪管
　　枪管内外表面均采用的冷锻工艺，延长了枪管寿命，提高了射击精度。

高精度射击武器
　　SSG-69 狙击步枪的射击精度非常高，如果使用特制弹药，精度还会更高。曾有一名射击教官用它发射自制弹药，在 50 米处击穿了一枚子弹弹壳的中央。有射手称它为"装在牛车上的精确制导武器"。

时间紧急,我们预计10分钟后出发。由于是侦察任务,所以我们不仅没有火力支援,而且还要避免被绝境王城中的敌军发现。在武器的选择上,我们要选择那些不但火力强劲而且方便携带的枪械。其中,M180自动手枪以其不低于某些冲锋枪的威猛火力最终入选,长长的枪管让它看上去霸气十足。我们将被直升机送往第一速降地点,立即出发!

M180 自动手枪

生 产 国:美国
口　　径:11.17 毫米
枪　　长:293 毫米
全枪质量:1.59 千克
发射方式:单发
容 弹 量:7 发

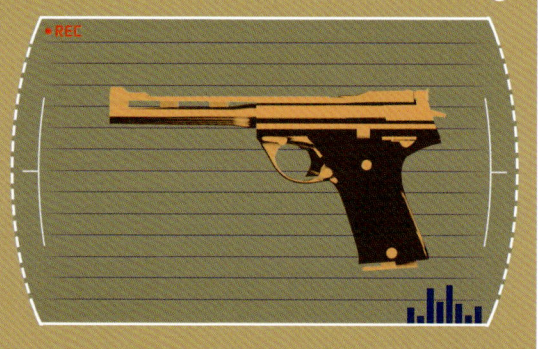

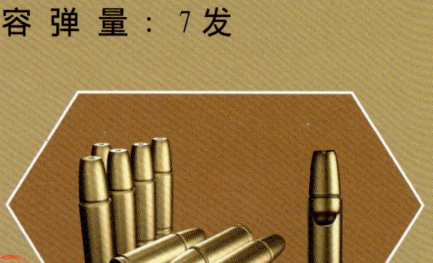

配用弹种

M180自动手枪发射11.17毫米的马格南强力子弹,这种子弹的弹壳尺寸大,威力非常强。

M180自动手枪是美国TDE公司最有名的产品,曾经号称是"威力最大的自动手枪"。该枪外形厚重,威力十足,是很多追求灵巧的战斗手枪都做不到的,这也使它受到了广大手枪爱好者的喜爱。该枪采用枪管后坐式自动方式,以及回转式枪机闭锁机构。由于该枪的威力大,后坐力强,因此手枪的枪身底座和枪管要比其他部位更结实。

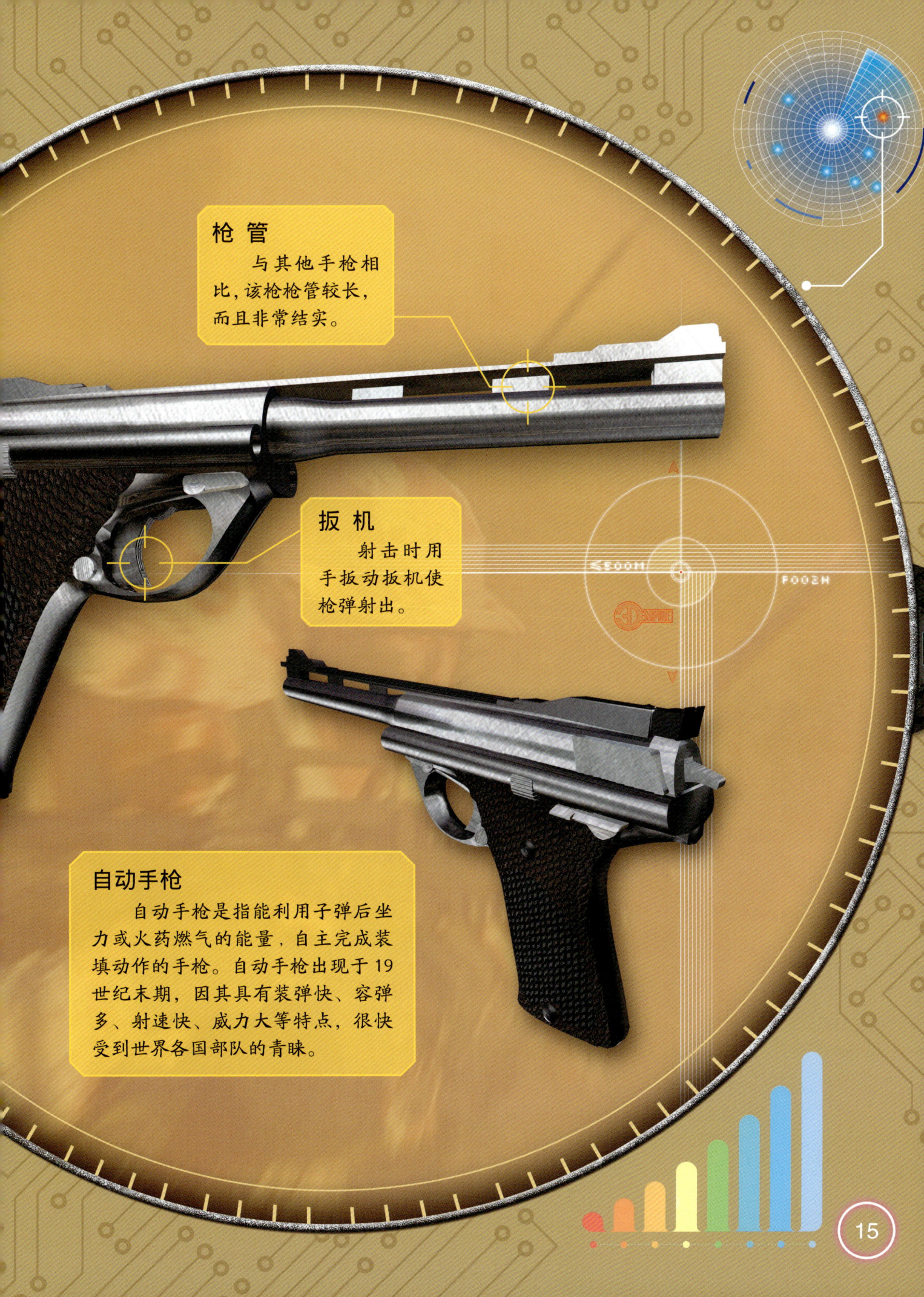

枪 管
与其他手枪相比,该枪枪管较长,而且非常结实。

扳 机
射击时用手扳动扳机使枪弹射出。

自动手枪
自动手枪是指能利用子弹后坐力或火药燃气的能量,自主完成装填动作的手枪。自动手枪出现于19世纪末期,因其具有装弹快、容弹多、射速快、威力大等特点,很快受到世界各国部队的青睐。

07:34:58

这是负责运送我们的米-8直升机，唐德熟练地操纵着直升机，带我们赶往第一速降地点。坐在飞机上，听着发动机的轰鸣声和呼啸的风声，我们都知道，此次任务非常艰巨。入城后，留给我们的侦察时间非常短。我们孤军深入敌后，面对未知的艰难险阻，可能会受伤，甚至是牺牲，但不会有人退缩，因为迎难而上、不畏艰险是每一名战士的信仰！

米-8直升机

生产国：苏联
机身长：18.17米（不含尾桨）
机　　高：5.65米
起飞限重：12000千克
最高时速：250千米/时
悬停高度：800米（无地效）

武器配备

米-8直升机主要配备1挺7.62毫米机枪，8个57毫米火箭发射器，可装载火箭弹128枚。

　　米-8直升机是苏联米里设计局研制的中型运输直升机，绰号"河马"。该飞机价格低、易保养、寿命长、好操作，能够承担各种军用和民用飞行任务；机身坚固、载重大，可搭载24名全副武装的士兵。座舱内还装有空调装置，可以加热。除了两个固定油箱外，还可以在机舱内加装两个桶形的油箱。此外，米-8救护救援型直升机的内部还装有氧气系统。

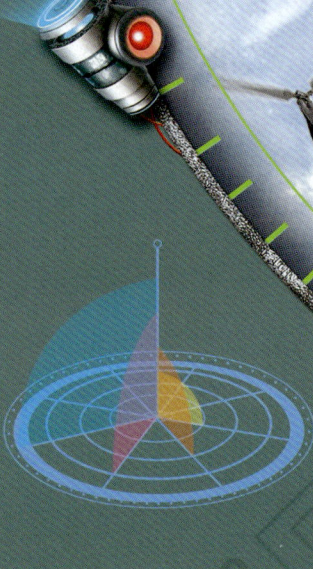

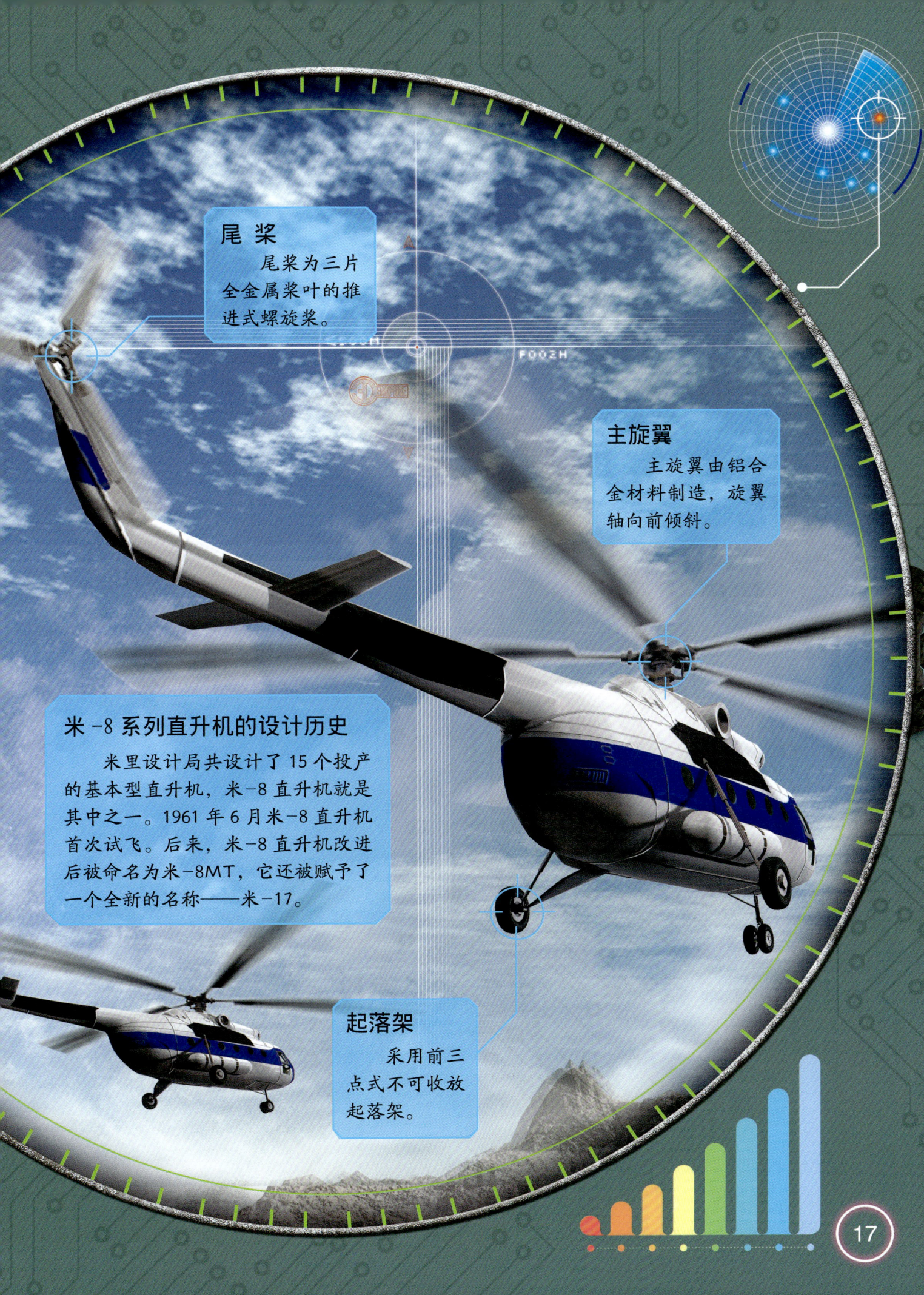

尾桨
尾桨为三片全金属桨叶的推进式螺旋桨。

主旋翼
主旋翼由铝合金材料制造，旋翼轴向前倾斜。

米-8系列直升机的设计历史
　　米里设计局共设计了15个投产的基本型直升机，米-8直升机就是其中之一。1961年6月米-8直升机首次试飞。后来，米-8直升机改进后被命名为米-8MT，它还被赋予了一个全新的名称——米-17。

起落架
采用前三点式不可收放起落架。

经过10多分钟的飞行,我们到达了第一速降地点,当螺旋桨带来的风渐渐平息,唐德驾驶直升机返程,等待我们的是5千米的极速行军。我们要蹚过一条及腰深的小河。卡尔一马当先为我们探路,手里拿着AK-47自动步枪。

AK-47 自动步枪

生 产 国:苏联　　　　全枪质量:4.3千克
口　　径:7.62毫米　　发射方式:单发、连发
枪　　长:870毫米　　 弹 容 量:30发

AK-47自动步枪素有"长枪之王"的美誉,早在越南战争时期,美军士兵就经常丢下自己的枪械去捡AK-47自动步枪来用。据称,死于该枪枪口下的人数达20万以上,超出核弹的杀伤人数。

大名鼎鼎的枪械明星

在很多战争和恐怖袭击中都有AK-47自动步枪的影子,可以说自AK-47自动步枪诞生之日起,哪里有战争,哪里就有它们的身影。甚至在很多影视作品中,AK-47自动步枪都是最亮眼的明星。不论你是否是一位军事迷,一定听过它的大名。据统计,全世界原版AK-47自动步枪,加上其他仿制品,总数可以达到1.5亿支。

AK-47自动步枪是世界上最著名、应用最广泛的步枪。陆军、空军、海军、勤务部队、坦克部队、特种部队等很多地方都有它们的身影。AK-47自动步枪的枪机非常可靠，即使在连续射击时有异物进入枪内，它的机械结构仍能继续正常运作，在恶劣的环境下可以保持相当好的效能，这完全符合战争需求。因为战场环境残酷，枪支能正常使用，是士兵对枪支的最基本诉求。

AK-47的设计历史

AK-47自动步枪是苏联的第一代自动步枪，它的设计者是世界枪王——卡拉什尼科夫。"AK"是俄文"Автомат Калашникова（自动步枪）"的首字母缩写，"47"代表其生产年份1947年。小时候的卡拉什尼科夫就是一个爱搞小发明的孩子，苏联卫国战争爆发时，19岁的卡拉什尼科夫在战争中受伤，住院期间，在和战友们的闲谈过程中，产生了设计自动步枪的想法，经过多年的不懈努力，1947年终于设计出征服世界战场的AK-47自动步枪。

AK-47自动步枪性能可靠，勤务性好，火力猛烈，坚实耐用，故障率低，还能在风沙泥水中使用；结构简单，容易拆卸、维修，是各国部队最钟爱的步枪之一。AK-47自动步枪主要有固定枪托型和折叠枪托型两种，固定枪托型曾装备苏军摩托化步兵部队、空军和海军；折叠枪托型装备伞兵、坦克兵和特种部队。

枪 管

枪管镀铬，使其无论在高温还是低温条件下，都能保证射击性能。

配用弹种

AK-47自动步枪发射M43式7.62毫米枪弹。

AK-47自动步枪的射速能达到600发/分，射程约300米。

AK-47自动步枪与第二次世界大战时期的其他步枪相比，枪身短小、射程较短，适合近距离战斗。采用气动式自动原理，导气管位于枪管上方，回转式闭锁枪机，通过活塞推动枪机运动，采用击锤回转式击发方式，发射机构直接控制击锤，实现单发和连发射击。

枪 托
木质枪托大大减轻了枪械的整体质量。

弹 匣
弹匣在任何气候条件下都能互换。

06:56:10

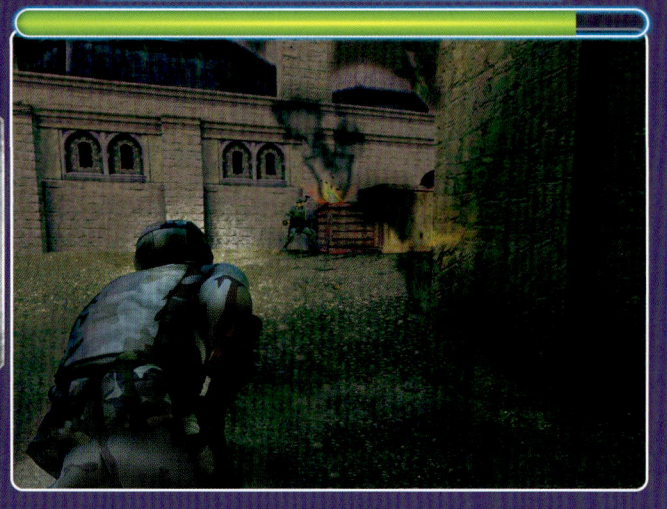

大约 20 分钟后，我们抵达绝境王城。狙击手马克作为行动掩护，已经潜伏在视野极佳的楼顶。确认武器装备库位置后，我们准备悄悄潜入。卡尔作为行动先锋，已经到达了武器装备库门口，我带领其他战士迅速跟进，夜色下的绝境王城危机四伏，我们连呼吸都减缓了。幸好，手中沉甸甸的捷格加廖夫轻机枪，给了我一些安全感，侦察行动正式开始。

捷格加廖夫轻机枪

生　产　国：苏联
口　　　径：7.62 毫米
枪　　　长：1270 毫米
全枪质量：9.1 千克（不含弹盘）
发射方式：连发
容　弹　量：47 发

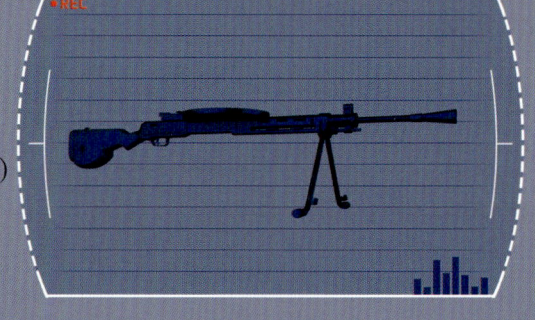

配用弹种

捷格加廖夫轻机枪发射苏联 7.62 毫米有底缘枪弹，这种带底缘的子弹让退弹更加方便。

　　捷格加廖夫轻机枪的造型独特，枪身顶端有一个圆形弹盘，是苏联在第二次世界大战期间生产的著名机枪。这款由苏联枪械设计师捷格加廖夫主持设计的轻机枪，1928 年装备苏联军队。捷格加廖夫轻机枪有 65 个零件，制造工艺简单，适合大量生产，而且性能可靠，操作简单。该枪表面宽大而平滑，不管弄得多脏，在使用上也不会有多大影响。

06:28:04

大约30分钟后，侦察任务结束，我们将至关重要的信息传送回指挥部，并用最快的速度返回。据了解，敌军是一支拥有水上飞机的先进部队，这打消了我们要从海面进攻的想法。敌军拥有两种飞机，它们可以在海上做出严密的防护。其中一种是PBY-5A水上飞机，另一种是卡-27反潜直升机。如果你还不知道它们的厉害，那可要认真看一看了。

PBY-5A 水上飞机

生产国：美国
机身长：17米
机　高：8.90米
起飞限重：42000千克
最高时速：317千米/时
升　限：4000米

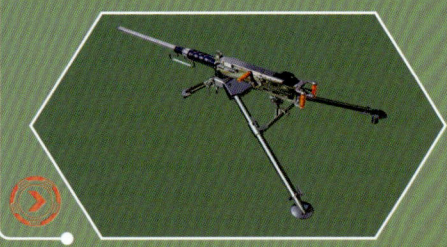

武器配备
PBY-5A水上飞机主要配备2挺M2重机枪和3挺M1919机枪。

PBY-5A水上飞机是PBY系列水上飞机的改进型。该系列水上飞机在世界航空史上久负盛名，有一个优雅的别称叫"卡特琳娜"，虽然听上去有些女性化，但它一点儿都不温柔。该系列飞机机身呈船形，机舱内部有5个隔水舱，大大提高了飞机的抗沉能力。PBY系列水上飞机拥有优异的操纵性、良好的续航能力和水上作战能力，能够为水面上的船队提供有效的空中保护。

浮 筒
浮筒在起飞后可以收起,与机翼连为一体,需要水上降落时再打开。

机 头
机头为多角形轰炸瞄准舱和前炮塔,后面是多人驾驶舱。

起落架
该飞机起落架为可收放的三点式。

产量最多的水上飞机
PBY系列水上飞机从服役开始,其作战区域就遍及全球四大洋。生产前后延续了10年,各型号的总产量超过了第二次世界大战时期其他水上飞机数量的总和,创下了水上飞机产量最高的纪录。

06:15:21

反潜——反对潜入，意思是对潜入一定区域的潜艇、飞机进行搜索，封锁，限制或消灭的行动。这是卡-27反潜直升机，它能克服海面上的恶劣天气，出色地完成任务。有它在，即使我们想借助风暴天气悄悄潜入，也不可能了。

卡-27反潜直升机

生　产　国：苏联　　起飞限重：12600千克
机　身　长：11.30米　最高时速：250千米/时
机　　　高：5.40米　　悬停高度：3500米（无地效）

卡-27反潜直升机是苏联卡莫夫设计局设计制造的同轴反转双旋翼直升机，也是一种双发动机多用途军用直升机，绰号"蜗牛"。该直升机没有尾桨，适合在船上起降，还能在恶劣天气条件下在海上作业。

与众不同

你发现这架直升机和普通直升机的不同了吗？我们通常看到的直升机顶端会有一个大旋翼，尾部会有一个呈垂直面旋转的尾桨。飞行时，大旋翼旋转会产生一个与旋转方向相反的力，这会让机身也发生旋转，所以要靠尾桨旋转来抵消这个力，而卡-27反潜直升机安装的同轴反转双旋翼，可以让飞机不用安装尾桨。

卡-27反潜直升机的同轴反转双旋翼结构是通过差动减速器使两根轴带动上、下两个旋翼按不同方向旋转，旋转的方向相反，作用力互相抵消。该设计可以让机身结构紧凑，有效增加载重量，也让操纵更简便，减轻驾驶员悬停和降落时的工作负担，在悬停时可不受风向的干扰；发动机在地面工作时，辅助动力装置可用来驱动液压和电气系统，而无须地面动力装置。

卡-27反潜直升机的设计历史

卡莫夫设计局设计的直升机几乎都使用同轴反转双旋翼结构，卡-27反潜直升机就是他们的得意之作。该机于1969年开始设计，1974年12月首飞，1982年正式服役，用来取代卡-25直升机。但当时它的电子设备过于笨重，意识到这点后，卡莫夫设计局给它换上了新型的"海蛇"电子系统。经过一系列现代化的改进后，卡-27反潜直升机就可以使用更多的反潜武器了。

卡-27 反潜直升机的发动机装有电热除冰装置，其整流罩向下翻转可用作维护平台，座舱内还能安置辅助油箱。整个尾翼采用铝合金构架，以复合材料为蒙皮，全金属半硬壳式结构尾梁，支撑张臂式结构尾翼，尾翼上装有固定倾角的水平安定面，以及两个端板式垂直安定面。

尾翼

尾翼上的升降舵，可以控制飞机俯仰飞行。

武器配备

卡-27 反潜直升机主要配备 406 毫米自导鱼雷和深水炸弹等武器。

卡-27反潜直升机还衍生出卡-27PLA基本反潜型、卡-27PSD搜索救援型和警戒型等多种型号。其中，卡-27M反潜直升机上装备了现代化战场信息实时传输系统，能实现其与海上指挥部、地面指挥部、其他直升机间的信息实时传输，大幅提高了反潜作战能力。

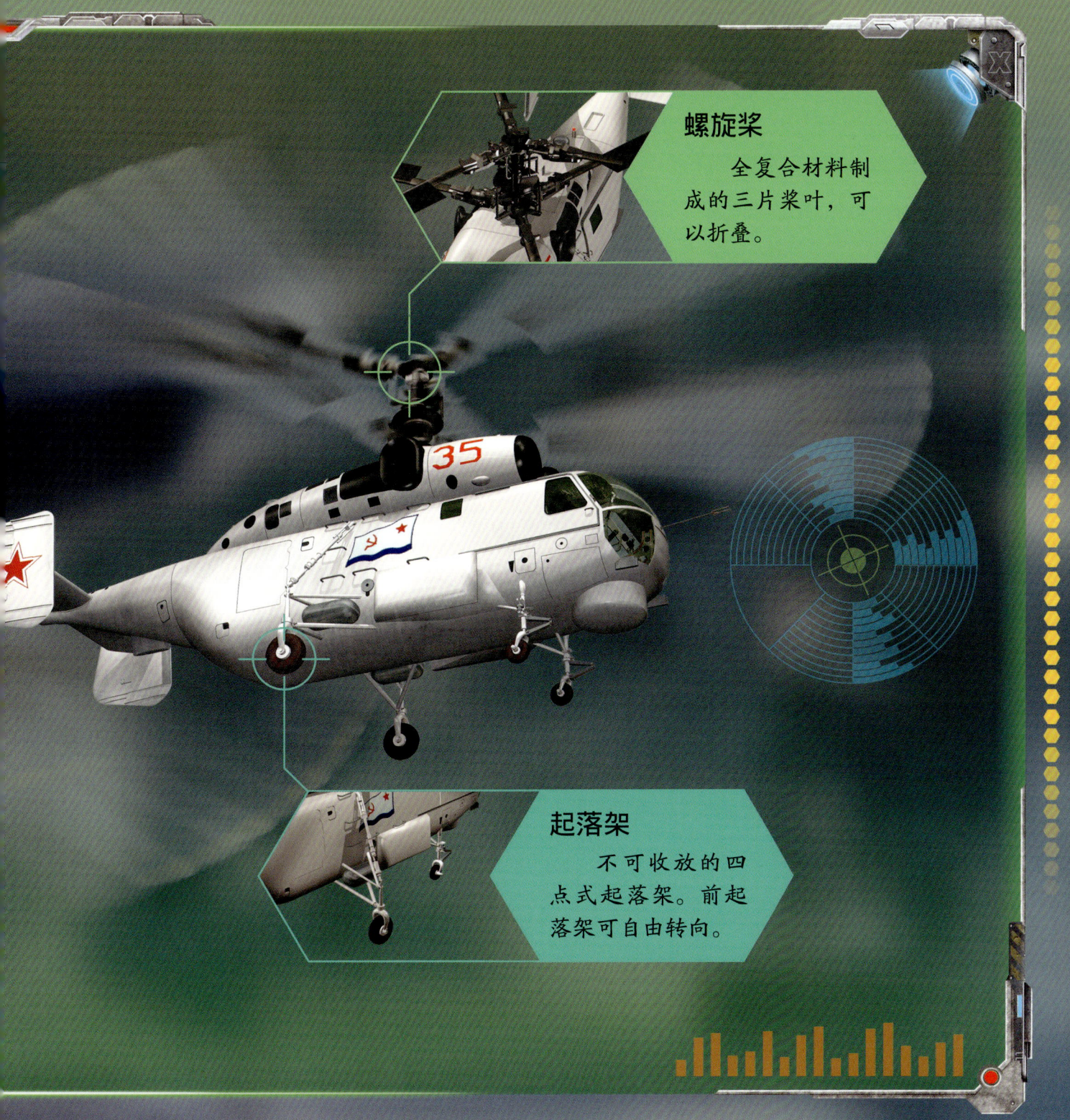

螺旋桨
全复合材料制成的三片桨叶，可以折叠。

起落架
不可收放的四点式起落架。前起落架可自由转向。

06:06:13

除了两种水上飞机以外，敌军还动用了坦克部队，让大家没有想到的是，他们率先使用了坦克中的巨无霸——KV-2重型坦克。这种坦克安装了巨大的炮塔，能直接在地面炸出一个直径约5米、深约2米的大坑。敌军拥有如此强大的地面火力装备，我们立即调整作战方案。一场攻下绝境王城的要塞之战即将展开，代号"屠龙行动"。

KV-2 重型坦克

- 生产国：苏联
- 乘　　员：6人
- 车　　长：7米
- 车　　高：3.3米
- 车　　重：52000千克
- 最高时速：26千米/时

武器配备

　　KV-2重型坦克主要配备1门152毫米火炮，辅助武器为3挺7.62毫米机枪。

　　KV-2重型坦克是在设计师科京的领导下设计研制的重型坦克。在第二次世界大战初期，为了适应战场需求，增强战斗火力，设计师们在KV-1重型坦克的底盘上安装了一门重型火炮，并为这门火炮设计了一个可以容纳巨炮、装填手、炮手和弹药的巨型炮塔，由此诞生了KV-2重型坦克。1940年2月，它被投入战场进行实战。20世纪40年代后期，正式装备部队。

俄制坦克炮塔

俄制坦克炮塔最明显的特点就是比较矮。但苏联的坦克曾一度追求大口径主炮，最典型的就是KV-2重型坦克，它因巨大的炮塔被称为"大脑袋KV"。

舱门

炮塔顶部有1扇圆形的舱门。

炮塔

该坦克有两种炮塔，一种是MT-1炮塔（1939年型），一种是MT-2炮塔（1940年改进型）。

车轮

车体每侧有6个负重轮和3个托带轮，诱导轮在前，主动轮在后。

出发！战士们分成地面小组和空中小组，我们互为依靠，一起向绝境王城进军。我所在的地面小组，此时正坐在BMP-1步兵战车上。步兵战车虽然能提高行军速度，但里面一点儿都不舒适，我们就像一颗颗被放在盒子里的石子，不停地左右颠簸。但对于战士们来说，这些都是可以接受的。借此机会，我们坐在车内闭目养神，为接下来的大战养精蓄锐。

BMP-1 步兵战车

生　产　国：苏联
乘　　　员：3人（可载员8人）
车　　　长：6.74米
车　　　高：2.15米（至探照灯）
车　　　重：13000千克
最 高 时 速：65千米/时

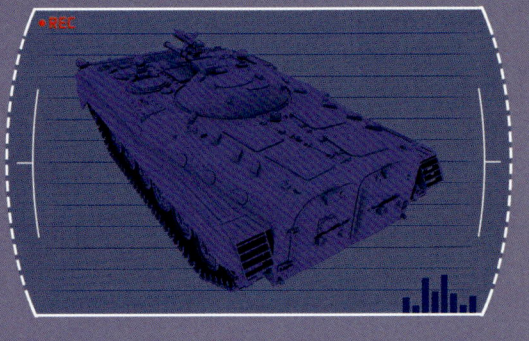

武器配备

BMP-1步兵战车主要配备1门73毫米滑膛炮，辅助武器为1挺机枪和1架反坦克导弹发射器。

BMP-1步兵战车是BMP系列步兵战车的改进型，也是世界上最早装备部队的履带式步兵战车。自从该车诞生后，其身影就出现在许多战场上，战斗经验非常丰富。实战证明，该战车有多种用途，既能在行进间浮渡江河，又能迅速通过放射性污染地区，扩大核突击效果，是稳定可靠的步兵伙伴，是世界上非常优秀的一款步兵战车。

BMP 系列步兵战车

BMP 系列步兵战车的改进型有很多种。迄今为止，BMP 系列步兵战车已经成为世界上装备数量最多的步兵战车，也是世界上装备国家最多的步兵战车。

炮 塔

可以 360 度旋转的炮塔让进攻更加灵活方便。

车 门

两个并列车门位于战车尾部，方便士兵快速上下，能够节省时间。

没想到敌军反应迅速，我们在一个废墟与敌军的侦察哨相遇，敌军调用 M26 重型坦克与我们进行对抗。该坦克火力强劲，性能可靠，具有很好的越野能力和防弹能力。谁都没想到，这么快就与敌军有了正面交锋。只剩不到 6 小时的时间了，我们的战车根本无法与敌军坦克进行正面对抗，必须尽快脱身，赶往绝境王城，尽快展开攻城行动。

M26 重型坦克

生 产 国：美国
乘　　员：5 人
车　　长：8.65 米
车　　高：2.78 米
车　　重：41900 千克
最高时速：40 千米 / 时

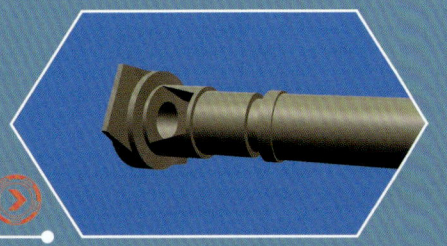

武器配备

　　M26 重型坦克主要配备 1 门 M3 型 90 毫米火炮，辅助武器是 1 挺高射机枪和 2 挺 7.62 毫米机枪。

　　M26 重型坦克是 T26 重型坦克的改进型，是为了对付"虎"式坦克而设计的，也被称为 M26"潘兴"坦克，来源于美国著名军事家约翰·约瑟夫·潘兴。该坦克性能非常可靠，低平的车身具有良好的防弹能力，其主炮威力和装甲厚度比以往所有的美国装甲车辆，都有大幅度提高。炮塔位于车体中部稍靠前，为了使火炮的身管保持平衡，炮塔尾部向后突出。

莱茵河战役中的功臣

首批 M26 重型坦克装备美国陆军不久后,就爆发了莱茵河战役。在 1945 年 3 月 7 日攻占莱茵河雷马根大桥的战斗中,M26 重型坦克发挥了巨大的作用,帮助美军快速取得了胜利。

炮 塔

火炮的射击界限为 360 度,而且炮塔旋转 360 度只需 17 秒。

负重轮

每侧有 6 个负重轮和 5 个托带轮。

05:12:26

在我们全力战斗的时候，攻击机和轰炸机组成的空中小组已经展开了对绝境王城的高空轰炸。麦迪驾驶着A-10攻击机，在绝境王城上空，投下了第一颗炸弹。随着轰隆一声巨响，空袭正式开始，同时也宣告战斗正式打响。我们的地面小组要尽快摆脱敌军拦截，因为随着时间的推移，敌军的后续部队会越来越多。敌军战机迅速出动，空中对决正式展开。

A-10攻击机

生 产 国：美国
机 身 长：16.26米
机 　 高：4.47米
起飞限重：23000千克
最高时速：833千米/时
升 　 限：13700米

武器配备

A-10攻击机主要配备1门30毫米机炮，还能挂载各种对地攻击导弹。

A-10攻击机是美国费尔柴尔德公司研制的主力近距支援攻击机，绰号"雷电Ⅱ"（区别于第二次世界大战中P-47雷电战斗机）。该飞机主要用于攻击坦克、装甲车群，适合低空作战，生存力强。该飞机机身腹部是厚50毫米的装甲，座舱下半部是钛合金装甲，防护能力强。两台发动机相距较远，可以减少同时被击中而使飞机完全失去动力的风险。

机 身
机身为全金属半硬壳式铝合金结构,防护能力强。

尾 翼
悬臂式水平尾翼为中等弦长,双垂尾位于平尾两端。

坦克杀手
1991年的海湾战争中,美军的A-10攻击机屡建功勋。它们可以在离地面仅10米的高度上展开攻击,所携带的"幼畜"红外制导弹能追踪敌方坦克发出的红外线,一举将其击毁。

机 翼
机翼为全金属三梁式。采用中等厚度的大弯度平直下单翼,翼尖下垂。可以实现短距离起降,也可以提高航程。

04:58:19

敌军调用 P-61C 战斗机,它能依靠自身先进的机载雷达搜索目标。此时,麦迪驾驶的 A-10 攻击机,正被敌军的 P-61C 战斗机紧追不舍,麦迪遭遇危机。经过激烈的追逐,麦迪驾驶飞机来了一个完美的急转弯,成功摆脱对方追击。紧接着他灵活操控、加速飞行,抓住机会,随即锁定目标,动作一气呵成。随后一颗空对空导弹发射,一架敌机被成功击落。

P-61C 战斗机

- 生产国:美国
- 机身长:15.1米
- 机　高:4.47米
- 起飞限重:13469千克
- 最高时速:692千米/时
- 升　限:12500米

武器配备

P-61C 战斗机主要配备 4 门 20 毫米航空火炮,辅助武器为 4 挺 M2 重机枪。

P-61C 战斗机是 P-61 系列战斗机的改进型,在原有机型的基础上更换了大功率发动机。P-61 系列战斗机是美国设计的第一种夜间战斗机,在夜间执行任务时,机身常常被涂成黑色,隐蔽于夜空中,靠先进的机载雷达搜索目标。锁定目标后,能迅速调整姿态扑过去,以猛烈的火力将其击落。该飞机装有两台发动机和双方向舵,不但维持了强劲的动力,而且战术灵活多变。

尾翼

两个垂直尾翼由水平尾翼相连，呈并联双立尾式。

擅长夜袭的"黑寡妇"

"黑寡妇"是美国西南部的一种黑色蜘蛛。这种蜘蛛虽然小，但毒性极大，生性残忍。P-61C战斗机外形奇特，擅长夜袭，就获得了"黑寡妇"这样的绰号。

机翼

机翼位于机身后半部，两个发动机分别位于两侧机翼，并向后延伸与垂直尾翼相连。

空袭开始后,敌军已经知道了我方的攻城行动,他们迅速做出反应,派出坦克大军,在我方行军途中进行拦截。T-18坦克作为他们的先锋部队走在最前面,但这是一种比较古老的坦克,对付步兵还可以,想要击退拥有重装火力的我方部队,显然有些轻敌,我们完全有能力与之对抗。刚刚绕开侦察哨的我们,马上与前来拦截的敌军坦克开战。

T-18 坦克

生 产 国:苏联
乘　　员:2人
车　　长:4.4米
车　　高:2.12米
车　　重:5300千克
最高时速:17千米/时

武器配备

T-18坦克主要配备1门37毫米火炮和1挺7.62毫米机枪。

T-18坦克是苏联第一种量产型坦克,也是苏联许多出色坦克的"前辈"。1927年5月,第一辆T-18坦克样车问世。1928年2月,正式装备苏联红军。当时的T-18坦克有很多不足之处,比如行驶速度慢、跨越障碍能力差、在湿滑路面的稳定性差等。后来经过多次改进,每次改进后的性能、结构都有所不同。但在莫斯科保卫战之后,T-18坦克就不再使用了。

明克斯防线的英雄

1941年6月23日,明斯克地区的防线上,苏军使用T-18坦克顽强战斗了4个多小时,共击毁德军3辆轻型坦克、1辆半履带战车及数辆轮式卡车,成功阻击了1个德军步兵连的进攻。

- 炮塔
- 主动轮
- 履带

随着时间的流逝,战斗持续升级。我们发现,敌军的这次拦截行动没有刚刚想象的那么简单。T-18坦克之后还有IS-3重型坦克,这种坦克的车体和炮塔都有倾斜装甲,拥有超强的防护能力,而且它的装甲质量占比很大,防弹性也很强,火力更是不容小觑。双方在饱经战火洗礼的飞龙镇展开战斗,这里瞬间被灰土和浓烟包围,空气里充满了火药的味道。

IS-3 重型坦克

生 产 国:苏联
乘　　员:4人
车　　长:9.85米
车　　高:2.45米
车　　重:46500千克
最高时速:37千米/时

武器配备

IS-3重型坦克主要配备1门122毫米火炮,辅助武器为1挺高射机枪和1挺7.62毫米并列机枪。

　　IS-3重型坦克也叫"斯大林"3重型坦克,是由苏联科京设计局在"斯大林"2坦克基础上改制而成的。该坦克的防护性非常强,车体和炮塔均采用倾斜装甲,侧面和后面的装甲也有辅助防御的作用。直到现在,IS-3重型坦克的装甲质量占全车质量的比率仍然是世界各国坦克里最高的。该坦克诱导轮在前,可以和负重轮互换,主动轮在后。

IS-3 重型坦克的两次"亮相"

1945年9月,在柏林举行的盟军和苏军的胜利阅兵式上,52辆IS-3重型坦克展示了苏联坦克工业的最高水平。1946年11月,在莫斯科红场举行的纪念十月革命的阅兵式上,IS-3重型坦克也出现在公众面前。

炮塔

负重轮

车体每侧有6个负重轮和3个托带轮,第1、第2、第4、第6负重轮处都装有减震器。

面对重型坦克，我们迅速改变武器安排，启用了坦克中一辆可以与重型坦克抗衡的"虎"Ⅰ坦克。该坦克拥有最优质的装甲，防御能力也很强。当坦克遇上坦克，"钢铁巨兽"之间的对决正式开始。但我们知道，时间即将过半，一定要尽快消灭敌军的拦截部队，继续前行。现在我们要尽可能保存实力，为最后的攻城行动留下强有力的作战武器。

"虎"Ⅰ坦克

生　产　国：德国
乘　　　员：5人
车　　　长：8.45米
车　　　高：3米
车　　　重：57000千克
最高时速：40千米/时

武器配备

"虎"Ⅰ坦克主要配备1门88毫米火炮，辅助武器是2挺7.92毫米机枪。

"虎"Ⅰ坦克又称六号坦克，是针对苏联的T-34/85中型坦克和KV-1重型坦克研制而成的重型坦克。它于1942年装备德国陆军，一直服役到第二次世界大战结束。它拥有灵活的机动性，行动装置采用重叠式负重轮、扭杆式悬挂装置和液压减震器。另外，它还有着当时所有德国坦克中最优质的装甲，防御力很强。

超重的"大块头"

"虎"Ⅰ坦克威力巨大，在战争中摧毁了大量坦克和其他装备。但其57000千克的质量，却带来了很多不便。很多道路无法支撑它庞大的身躯，而且过重的车体让履带、负重轮和变速箱的损耗都很大，大大增加了维修成本。

履带

装备了宽窄两种履带，宽履带用于战斗，窄履带用于运输。

一直坐在战车内的我们,听着车外的爆炸声,早就做好了战斗准备。我立即带领着其他战士下车,抢占有利的作战位置。缺少了装甲车庇护的我们必须格外小心。在 M2 重机枪的掩护下,我们要穿越枪林弹雨,战士们,冲啊!

M2 重机枪

生 产 国:美国　　全枪质量:38.2 千克
口　　径:12.7 毫米　　发射方式:连发
枪　　长:1653 毫米　　最大射程:2500 米

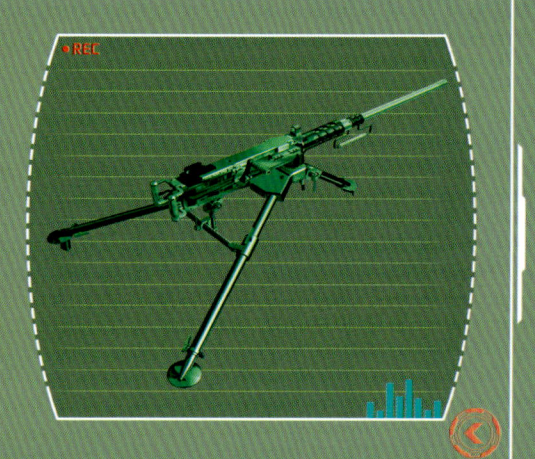

第一次世界大战期间,为了对付新出现的飞机、坦克和火炮等重型武器,美国军队委托设计师勃朗宁研制威力更大的大口径重机枪,M2 重机枪应运而生。多用于阵地的火力防控或安装在装甲车辆上参与战斗。

威力无敌的重机枪

在战场上,重机枪可以压制敌人火力,有"一夫当关,万夫莫开"的效果。M2 重机枪使用 12.7 毫米子弹,能够穿透轻型装甲和一些无防护目标。在不使用穿甲弹的情况下,能够穿透将近 12 毫米的钢板或 500 毫米的钢筋混凝土墙。它的内在实力配上外在质量,能够带给士兵非常踏实的感觉。

M2重机枪外形设计与众不同，看起来方方正正的，结构采用著名的枪管短后坐式工作原理。在射击时，后坐力将整个枪管向后推，利用枪管的后坐力完成抽壳供弹工作。该枪的后坐力非常大，在枪管后方拥有一个液压缓冲装置，枪管和节套后坐时，液压缓冲装置的活塞向后推，压缩缓冲器管内的油液，使其从管内壁之间的缝隙溢出，对后坐力进行缓冲。

战士们钟爱的机枪

M2重机枪产生于第一次世界大战期间，1933年经过改进后再没有大的改动。该枪先后经历两次世界大战，见证了无数残酷的战役，是当之无愧的枪械"老寿星"。2003年，美、英在伊拉克的战争中，使用了诸多现代武器，但其中频频出现M2重机枪的身影，可见美军的几代士兵都对它有很深的感情。士兵们还亲昵地称它为"Ma Deuce"（意思接近于"干妈"）。

M2 重机枪是 M1921 大口径机枪的改进型。与 M1921 大口径机枪相比，M2 重机枪将其水冷式枪管改成气冷式枪管，虽然选用了管壁更厚的枪管，但是枪体的总质量大大减轻了，而且火力的持续性也有所改善。该枪可作为装甲输送车、装甲侦察车、自行火炮、舰艇上的辅助武器。

枪 管
气冷式加厚枪管，快速冷却，有效延长射击时间。

配用弹种
M2 重机枪发射 12.7 毫米勃朗宁系列枪弹。

M2 重机枪采用弹链供弹，在射击过程中，左侧有类似于摇把的推进器，可以提供源源不断的弹药。

M2 重机枪不仅有对地的型号，也有对空的型号，还发展出包括高射机枪、航空机枪和坦克机枪等在内的 M2 系列机枪。M2 重机枪常常以直升机机枪、坦克高射机枪、坦克并列机枪和车装机枪等多种身份出现在战场上，再加上较低的制造成本，让它的实用性变得更强。

握把
机匣后方有双握把设计，操作更稳定，防止走火。

三脚架
三脚架可以支撑沉重的枪体，让射击更平稳。

03:55:47

飞龙镇外围树木丛生,便于隐藏,是步兵作战的绝佳地点。大家纷纷找好隐蔽点,各自埋伏好,等待最后的指令。不远处树丛中有人影闪过,我们一直等待的目标出现了!我躲在一棵大树后面,手中拿着MPi69式冲锋枪,下达行动命令,随着一轮疯狂的扫射,我们和拦截敌军展开较量。战士们紧密配合,我们成功脱险,向绝境王城继续进发。

MPi69 式冲锋枪

生 产 国:奥地利
口　　径:9毫米
枪　　长:670毫米(托展)
全枪质量:3.43千克(25发弹匣)
发射方式:单发、连发
容弹量:25发、32发

配用弹种

　　MPi69式冲锋枪发射9毫米帕拉贝鲁姆手枪弹,这种子弹是目前世界各国使用最多的子弹。

　　MPi69式冲锋枪是奥地利斯太尔冲锋枪系列中的第一种,可以在战争中近距离杀伤有生目标。该枪采用外包枪栓,枪体长度缩短。内部结构新颖,安装简单,只须拧开固定螺栓,卸下枪筒,然后插入特殊枪管和消音器,再把枪筒拧在机匣上即可。MPi69式冲锋枪的保险装置安全,换弹方式简单,弹匣可直接插入手握枪柄,便于在黑暗中更换。

设计历史

第二次世界大战之后,奥地利联邦军队认为,陆军急需装备大火力的冲锋枪和机枪。于是,著名冲锋枪设计师雨果·斯托阿瑟就研制出了MPi69式冲锋枪。

枪托

可折叠的枪托,展开后可以使该枪延长200毫米。

弹匣

为了加快速度，我们立刻启用"玛蒂尔达"II步兵战车，这种车辆装甲防护强、火力猛，是攻城略地的最佳先锋。突然，震天的炮火声从不远处传来，顿时浓烟滚滚，要塞之战果然残酷，我们再次遭到敌军伏击。

"玛蒂尔达"II步兵战车

生产国：英国	车　　高：2.52米
乘　员：4人	车　　重：26900千克
车　长：5.61米	最高时速：24千米/时

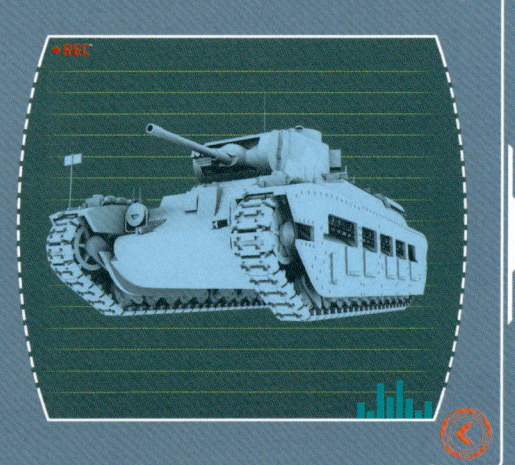

"玛蒂尔达"是英国维克斯公司研制的步兵战车，也是世界上唯一一款以女人名字命名的步兵战车。1936年9月，第一辆样车问世，1939年9月开始装备英军，几乎参加了英军在第二次世界大战中的所有战役。

援澳的"玛蒂尔达"II步兵战车

在第二次世界大战期间，英国援助澳大利亚的战车数量相当多。"玛蒂尔达"II步兵战车就是其中的一分子，它们活跃在太平洋战场上。与日本的战车相比，该战车在火力上毫不逊色，而且装甲防护上还占有明显优势。因此，"玛蒂尔达"II步兵战车深得澳大利亚士兵的喜爱，一直被使用到战争结束。

"玛蒂尔达"II步兵战车是从"玛蒂尔达"I步兵战车改进而来,增强了火力和装甲防护力。该战车车体主要部位的装甲厚度有75～78毫米,而且一些部位还采用了框架式结构,增加了车辆的防护强度。其炮塔四周都是65毫米厚的钢装甲,里面装有QF型2磅炮(一种在第二次世界大战中常用的反坦克火炮)。

双发动机模式

"玛蒂尔达"II步兵战车的发动机采用2台直列6缸民用柴油机,2台发动机并列连接,每台最大功率为64千瓦。但优缺点显而易见——优点是如果一台发动机损毁或出现故障,另一台发动机可以使车低速行驶,保持一定的战斗力;缺点是增大了动力装置的体积,占用了车内的空间,双发动机工作时还会遇到同步协调性不够的问题。

"玛蒂尔达"II步兵战车采用平衡式悬挂装置，每侧有10个直径较小的负重轮，每两个负重轮一组，主动轮在后，诱导轮在前。优点是行驶平稳，缺点是行程很小，只适合低速行驶。该战车的履带外侧有侧护板和排泥槽，这在恶劣天气条件下会带来一些麻烦，泥土和积雪常常会堵塞悬挂系统，使战士们不得不经常下车清理。

侧护板
能够有效保护行走装置不受破坏。

武器配备
"玛蒂尔达"II步兵战车主要配备1门40毫米火炮。

早期的"玛蒂尔达"II步兵战车上,用的是维克斯水冷重机枪,身管的外直径很大,防护能力不强,后来改为比塞气冷重机枪,情况就好了很多。阿莱曼战役前,"玛蒂尔达"II步兵战车是英军的主要战斗装甲,阿莱曼战役之后,被改装为其他装甲车辆,继续活跃在战场上,是第二次世界大战中的"常青树"。

炮 塔
通过座圈与车体连接,形成一个战斗室。

步兵战车在火力、防护力和机动性等方面都优于装甲输送车。

履 带
由履带板和履带销等部件组成。

03:24:52

我们走进了敌人预先设下的埋伏圈，先驱战车驶过交通要道悬空桥时，等候多时的敌军发起进攻。爆炸声打破了这里的平静，我们的三辆猎虎驱逐战车被炸飞。原来，悬空桥桥下被敌军预埋了炸药，只等我们自投罗网，多辆战车失去行动力，这导致剩余部队无法顺利过河。我们要迅速制订方案安全渡河，否则将直接影响要塞之战的最终成败。

猎虎驱逐战车

生　产　国：德国
乘　　　员：6人
车　　　长：10.65米
车　　　高：2.8米
车　　　重：71700千克
最高时速：34千米/时

武器配备

猎虎驱逐战车主要配备1门128毫米火炮，辅助武器是2挺MG34或MG42机枪。

猎虎驱逐战车是第二次世界大战中德国重型驱逐战车的代表，1943年2月开始研制，设计目的是远距离支援步兵和装甲战斗车辆。该战车的防护性能好，正面的装甲厚度达到了250毫米，在当时这是最厚的。火炮虽然威力强大，但是炮塔无法转动，使用起来不太方便，而且耗油较大，机动性也比较差。

超级战车

猎虎驱逐战车的车体前部为驾驶舱，后部是战斗舱。车体装甲是第二次世界大战期间最厚的，两侧都装有履带板，具有辅助防护作用。其火炮威力强大，可轻易在大多数火炮的射程以外击毁坦克，是战场上的超级战车。

炮 塔

炮塔的后部有双扇舱门，便于乘员上下车和补充弹药。

甲 板

侧装甲板一直延伸到车体顶部，防护性非常强。

03:10:33

面对危机，我们确定解决方案。紧急调用具有水陆两栖功能的BTR-70装甲输送车，该车的动力装置后置，有良好的水上浮渡性能，能帮助我们成功渡河。但一波未平一波又起，成功渡河后，敌军的空袭大军赶到，开始对地面进行重火力轰炸，看来敌军是想在行军途中将我们消灭，不让我们接近绝境王城。地面火力很难与空中战机抗衡，我们再次陷入危机。

BTR-70 装甲输送车

生　产　国：苏联
乘　　　员：3人（可载员7人）
车　　　长：7.54米
车　　　高：2.32米
车　　　重：11500千克
最 高 时 速：80千米/时

武器配备

BTR-70装甲输送车主要配备1挺14.5毫米重机枪和1挺7.62毫米并列机枪。

BTR-70装甲输送车是苏联在BTR-60装甲输送车基础上改制而成的轮式装甲车。20世纪70年代末开始在苏联陆军中服役，1980年11月参加了莫斯科红场阅兵式。BTR-70装甲输送车的车体由钢板焊接而成，车头较宽，炮塔位于第二排车轮上方的车体中央位置，炮塔后面是载员舱。该车具有机动性强、操作简便、性价比高等特点。

全能型装甲输送车

轮式装甲输送车是具有高机动性、有一定装甲防护和武器装备的战斗车辆。它主要用于输送机械化步兵及其武器装备，必要时也可参与战斗。现代轮式装甲输送车的装备和防护更加完善，甚至已经具有轮式步兵战车的基本功能。

观察窗

车前有两个观察窗，战斗时窗口由装甲盖板防护。

车轮

如此猛烈的火力，一定来自一种能力超强的轰炸机。果然，敌军调用了有"同温层堡垒"之称的B-52H战略轰炸机。该机总体布局紧凑合理，载有火控系统、远距通信、导航、电子干扰和雷达警告系统等设备。而且这种飞机的升限非常高，所以我们的护航飞机并没有发现这批可怕的攻击者，被它盯上可不好脱身，空中战队需要尽快反击！

B-52H 战略轰炸机

生　产　国：美国
机 身 长：48.50米
机　　高：12.40米
起飞限重：220000千克
最高时速：1000千米/时
升　　限：15000米

武器配备

B-52H战略轰炸机主要配备20枚空地导弹，1门20毫米机炮，以及一些常规炸弹或核弹。

　　B-52H战略轰炸机是B-52系列轰炸机的最新改进型，也是该系列飞机的最后型号。B-52系列轰炸机绰号"同温层堡垒"，它们机翼展巨大，符合空气动力学原理，升力大，阻力小，稳定操纵性好，远程续航能力强。另外，B-52H战略轰炸机的载弹量大，可携带各型核弹和常规炸弹约31500千克。飞机上还装有红外夜视仪器，可在夜间或恶劣气象条件下低空突防。

机 翼

翼展大，平面形状呈梯形，翼展达到 56.4 米

战争中的 B-52 系列轰炸机

在越南战争中，B-52 系列轰炸机是美国大面积轰炸的主要工具，曾对越南、老挝、柬埔寨等地区进行过多次轰炸，其出动次数只占各种作战飞机总量的 1/10，却投下近一半的炸弹。

02:40:17

为我们护航的飞机是F-111F战斗机,该飞机机身坚固,动力也很强。时间正在一分一秒地流逝,敌军的大规模拦截延长了我们的行军时间,在路上耽搁的时间越久,留给我们攻城的时间就越短,一旦无法掌握主动权,攻城之战就可能面临失败,必须尽快脱身。面对强大的敌军战机,飞行员唐德和队友们组成战斗队形,空中战场瞬间战火飞扬。

F-111F 战斗机

生产国：美国
机身长：22.4米
机　高：5.22米
起飞限重：44896千克
最高时速：2655千米/时
升　限：17270米

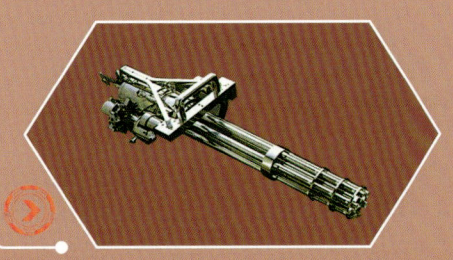

武器配备

F-111F战斗机主要配备1门20毫米机炮,机身弹舱和机翼下均可携带各式炸弹或核弹。

　　F-111F战斗机是F-111系列战斗机中的改进型号。该系列飞机是美国通用动力公司研制的多用途战斗机,也是世界上最早的变后掠翼(机翼后掠角在飞行中可以改变)飞机,绰号"土豚"(Aardvark),各型号共生产563架。该系列飞机航程远、载弹量大、能全天候作战,适合在复杂气象条件下执行任务。

驾驶舱

并列双座可容纳2人，整体弹射座舱。

多型号战机家族

F-111战斗机是一个大家族，包括有A、B、C、D、E、F和G共7个基本机型。其中F-111A战斗机是以对地攻击为主的空军型，F-111B战斗机是以对空截击为主的海军型，F-111F战斗机改装了发动机，提高了飞机的推重比，性能有了大幅度提升。

空中激战仍在继续，敌军又派出了防御能力超强的挑战者Ⅱ主战坦克。面对如此严峻的陆地战场，我们采用且战且退的方案，留下一部分坦克小队牵制敌军火力，其余部队迅速突出重围，继续前行。

挑战者 Ⅱ 主战坦克

生　产　国：英国　　　车　　　高：2.5米
乘　　　员：4人　　　　车　　　重：62500千克
车　　　长：8.3米　　　最高时速：59千米/时

挑战者Ⅱ主战坦克是英国在挑战者Ⅰ主战坦克基础上改进而来的，是英国陆军在第二次世界大战后设计的主战坦克，具有世界最高水平的防弹能力。到2002年已经有386辆在英国装甲兵部队服役。

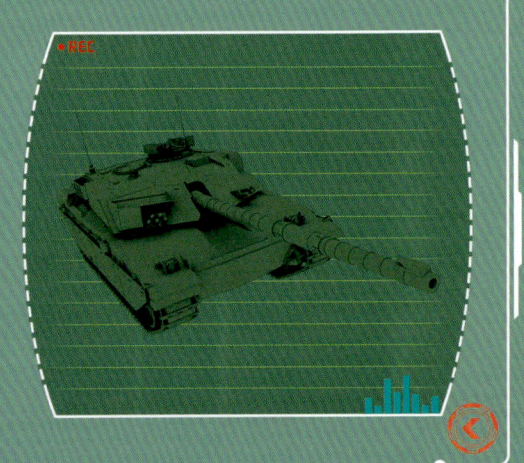

最终赢家

20世纪90年代初，英国针对坦克供应进行公开招标，众多坦克参加了竞标。最具实力的是美国通用公司的M1A1主战坦克、德国克劳斯公司的"豹"Ⅱ主战坦克、英国维斯公司的挑战者Ⅱ主战坦克、法国地面武器工业集团的勒克莱尔主战坦克四种坦克。经过激烈竞争，最终挑战者Ⅱ主战坦克一举中标，成了"四选一"的赢家。

与挑战者Ⅰ主战坦克相比，挑战者Ⅱ主战坦克有很多重大的改进，包括第二代"乔巴姆"装甲、新型变速箱、稳像式火控系统、新型履带等。主炮还能发射贫铀弹（以贫铀为主要原料制成的炮弹，威力极强，能产生900摄氏度以上的高温），具有更高的穿甲威力。挑战者Ⅱ主战坦克曾经击破在5300米以外的目标，创造了同类武器史上最远的击破纪录。

猎杀—猎杀

一般坦克的车长只拥有广角搜索瞄准具，射手转动炮塔使用自己的望远瞄准具与测距仪进行射击，这种运作方式称为"搜索—猎杀"。在挑战者Ⅱ主战坦克里，车长拥有一个独立的搜索标定瞄准具，在射手射击第一个目标时，车长可以用这个独立的搜索标定瞄准具搜索第二个目标并完成瞄准与测距，只要按一个按钮，炮塔就会自动转动瞄准，这种运作方式称为"猎杀—猎杀"。

挑战者Ⅱ主战坦克的炮管采用电渣重熔钢、自紧工艺和身管内壁镀铬工艺，提高了身管的寿命。炮栓采用带弹性塞垫的分离式炮栓结构，通过加大药室容积，使火炮威力大大增强。火炮的方向射界为360度，炮塔正面两侧各安装了1组烟幕弹发射装置。车上还装有先进的火控系统和热成像及微光夜视设备。

瞄准装置

供乘员观察战场，瞄准目标，观察射击效果。

武器配备

挑战者Ⅱ主战坦克主要配备1门120毫米线膛炮。

挑战者Ⅱ主战坦克采用独立液气压式悬吊系统。这种系统用螺栓将具有吸震效果的油压悬吊器固定在车体上,如果坦克误触地雷使该系统的悬吊器破损,只要更换损坏的部分,便可迅速回到战场。该系统性能强、材质新,因此能吸收车体产生的震动,保持稳定的状态。这不仅能提升行动时的射击性能,同时也能减轻乘员的疲劳。

炮 塔
用来安装坦克炮等武器设备,可旋转。

乔巴姆是英国一个小镇,英国皇家装甲研究院在此发明了一种复合装甲,称其"乔巴姆"装甲。

履 带
这种钢制链条能够使坦克具有"自带的路"。

在空战中,敌我双方均损失惨重。我们没有犹豫,按照既定计划,调用图-16轰炸机,作为接下来行军过程中的空中观察机,保证我们的行军安全。图-16轰炸机的攻击能力非常强,适合执行对地轰炸任务,在此时使用它,一是可以保证地面小组的行军安全,节省时间。二是在即将到来的攻城作战时,可以成为空中新的火力补给,可谓一举多得。

图-16轰炸机

生产国:苏联

机身长:34.80米

机　高:10.36米

起飞限重:79000千克

最高时速:1050千米/时

升　限:12800米

武器配备

图-16轰炸机主要配备7门AM-23型机炮,还可携带若干空对地导弹和炸弹等。

　　图-16轰炸机是苏联图波列夫设计局研制设计的喷气式战略轰炸机,绰号"獾"(Badger)。该飞机攻击力强,防区外打击能力精确。每名乘员都配有弹射座椅,在紧急情况下,驾驶员向上弹射,其他乘员向下弹射。机翼前缘、发动机短舱前缘都使用发动机压气机供给的热空气防冻,垂尾和平尾的前缘则采用电阻丝加温装置来防止结冰。

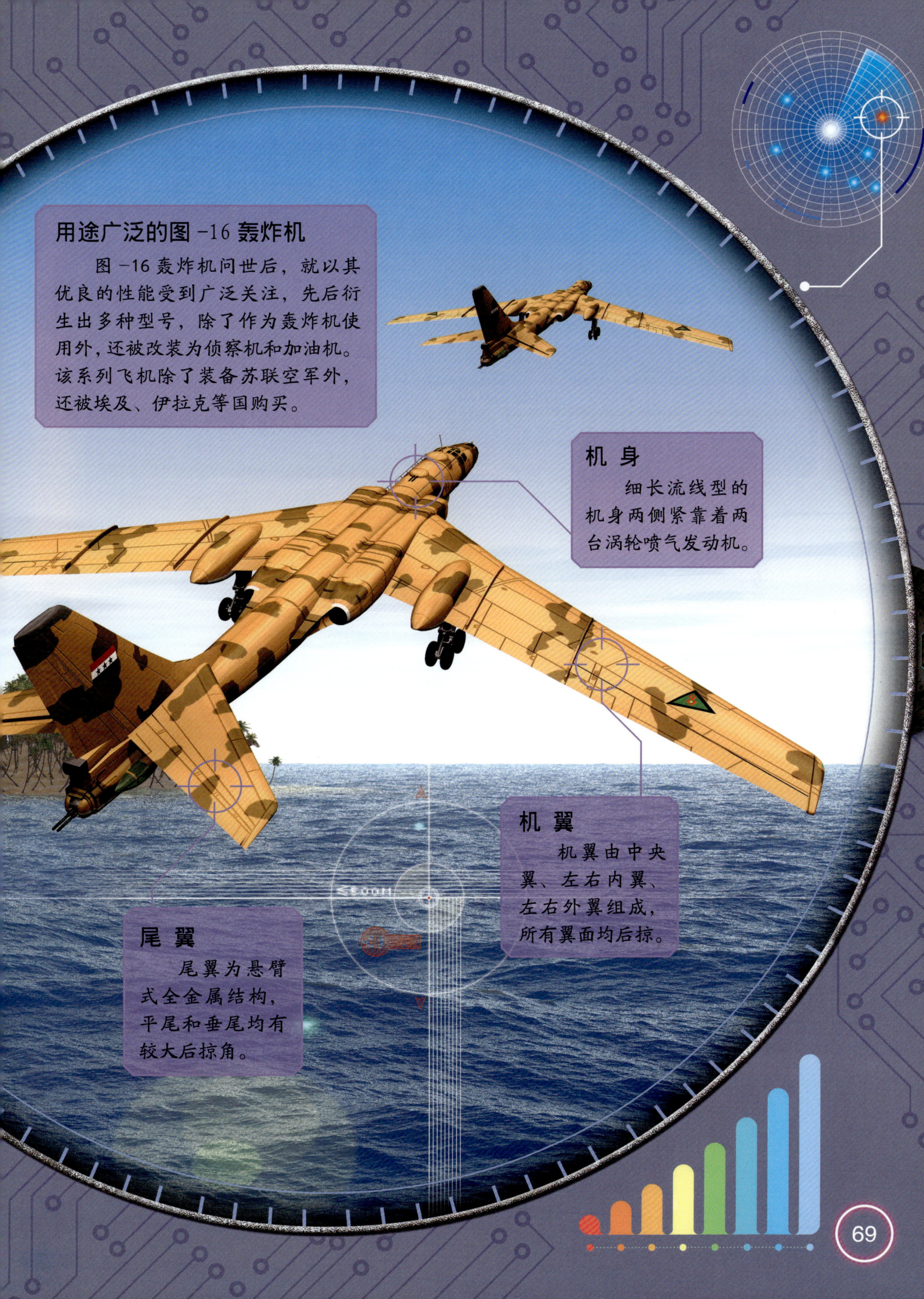

用途广泛的图-16轰炸机

图-16轰炸机问世后，就以其优良的性能受到广泛关注，先后衍生出多种型号，除了作为轰炸机使用外，还被改装为侦察机和加油机。该系列飞机除了装备苏联空军外，还被埃及、伊拉克等国购买。

机身

细长流线型的机身两侧紧靠着两台涡轮喷气发动机。

机翼

机翼由中央翼、左右内翼、左右外翼组成，所有翼面均后掠。

尾翼

尾翼为悬臂式全金属结构，平尾和垂尾均有较大后掠角。

02:00:28

在空中战机梯队的掩护下，经过10多分钟的全速前进，终于到达了绝境王城城外，作为城市攻坚战的利器，突击虎自行火炮因其与轰炸机相似的杀伤力，承担起地面炮火的攻击任务，与空中战队一起，准备对绝境王城展开最后强攻。

突击虎自行火炮

生产国：德国	车　　高：2.85米
乘　员：5人	车　　重：65000千克
车　长：6.28米	最高时速：36千米/时

突击虎自行火炮在第二次世界大战时期由德军研制，主要用于城市巷战，其设计构想源于1942年苏联军队和德国军队的斯大林格勒战役。该火炮由返厂修理的"虎"式重型坦克为底盘改装而成。

突击虎自行火炮的产生

1942年秋天的斯大林格勒战役中，苏军与德军展开了一场巷战。苏军利用断壁残垣的地形优势给了德军重大打击，而德军的普通火力很难有效杀伤躲在建筑物中的目标。有了此次教训，德国急需为参加巷战的步兵配备重火力支援车辆，要求这些车辆能够杀伤藏在建筑物内部的敌人——突击虎自行火炮便由此产生。

突击虎自行火炮车长只有6.28米，在城市中行走游刃有余，进退自如。短炮管的设计更是让它在街道上没有限制，而且这种特殊的短炮管所形成的高仰角射击，对于藏匿在塔楼或高处的狙击手会造成毁灭性打击。这些特点让突击虎自行火炮无法成为一种常规武器，只能作为特种武器来使用，虽然威力强大，但在常规战争中不占优势。

火力强劲的突击虎自行火炮

火力强劲是突击虎自行火炮的主要特点，它几乎能摧毁任何建筑类目标。有报告称，该火炮曾以1枚火箭弹击毁了3辆M4中型坦克，其杀伤力甚至超过了重型轰炸机。在整个第二次世界大战中，突击虎自行火炮一共生产了18辆，战后大多数都已经损毁，现今尚存2辆，分别陈列在德国车辆与工艺博物馆和俄罗斯库宾卡战车博物馆。

突击虎自行火炮装备了1门尾装填臼炮（炮身短、射程近、初速低的滑膛炮）。这种"矮脚虎"式的火炮，在自行火炮中十分罕见。炮管分为内外两层，烧蚀严重的内层炮管可以更换。另外，该火炮还装备了1个手动起重机以供乘员装卸弹药使用。

主动轮

主要由齿圈、滚轮、轮毂以及固定和连接件组成。

武器配备

突击虎自行火炮主要配备1门5.4倍口径臼炮，1挺7.92毫米机枪。

自行火炮是指与车辆底盘连成一体，可自行运动的火炮。

之所以称它为突击虎自行火炮，是因为它的作用在巷战中类似于高精尖的突击队伍，是威力强大的巷战利器。1944年8月12日，突击虎自行火炮被运到波兰，参加镇压华沙起义的行动。虽然它的到来已经无法影响战局，但是其强大的威力还是给整个战争写下了浓重的一笔。

炮 塔
能够承受射击时的负荷，还可以直接抵御攻击。

负重轮
负重轮即承重轮，一般均匀分布于坦克履带中间。

01:40:39

提前赶到的空中小组，已经对绝境王城展开轰炸，他们牵制了大规模敌军火力，为我们的攻城行动打下了坚实的基础。F-15E 战斗机表现不俗，但长时间执行轰炸任务，无论是对飞机还是对驾驶员，都是不小的挑战。空中战场需要新鲜力量的加入。

F-15E 战斗机

生 产 国：美国　　起飞限重：30845 千克
机 身 长：19.45 米　最高时速：3000 千米/时
机　　高：5.65 米　升　　限：15000 米

F-15E 战斗机是在 F-15 战斗机的基础上改进而来的超音速全天候战斗机，兼备对地攻击和对空作战的双重能力。F-15E 战斗机可容纳乘员 2 人，这区别于可容纳乘员 1 人的 F-15A 和 C 型战机。

美利坚之鹰

F-15 系列战斗机是重型制空战斗机，也是第二次世界大战后美国空军第四代战斗机的代表，绰号"鹰"（Eagle），也被称为"美利坚之鹰"。该系列飞机是全天候、高机动性的战术战斗机。针对获得与维持制空优势而设计的它，是美国空军现役的主力战机中的一种，可用于夺取战区制空权，也可以对地面目标进行攻击。

F-15系列战斗机机身硕大、飞行速度快、作战半径适中、外形漂亮，机身采用全金属半硬壳式结构，由前、中、后三段组成。前段为铝合金结构，包括机头雷达罩、座舱和电子设备舱，中段是与机翼连接的部分，后段为钛合金结构的发动机机舱。整个机身底部外形略带弯曲，让它看上去比较圆润。

战绩卓越的战斗机

在1991年的海湾战争中，共有120架F-15系列战斗机参加了战斗，主要负责制空和护航任务，击落了多架伊拉克战机。其中有48架F-15E战斗机总计完成了1858次的作战飞行任务，执行任务率高达95.5%，居所有参战飞机之首。据报道，海湾战争中有80%的激光制导炸弹都是由F-15E战斗机投下的，创造了卓越的战绩。

F-15 系列战斗机服役近 40 年，总生产数量 1200 余架，各改型有数十种之多。主要型号有：基本型 F-15A 战斗机，双座教练型 F-15B 战斗机，A 型的改进型 F-15C 战斗机，C 型的双座教练型 F-15D 战斗机，短距起降先进技术验证机 F-15S/MTD，日本生产型 F-15J/DJ，出口沙特的 F-15A 的简化型 F-15S 等。

驾驶舱
全透明驾驶舱罩，保证驾驶时观察无死角。

武器配备
F-15E 战斗机主要配备空对空导弹、空对地导弹及核弹等。

F-15系列战斗机至今还有两百多架F-15C/D战斗机装备美国空军和空中国民警卫队。这批战机均经过现代化升级，特别是换装了APG-63V3有源相控阵雷达，配合最新的AIM-120C5和AIM-9X空对空导弹，加上自身超强的推重比，在美国军队作战体系的支撑下，依然是一种驰骋在空中的优势战斗机。

尾翼
双垂尾翼减小了雷达反射面积，并提高了飞机的机动性。

机翼
采用固定式三角形单翼，不带前缘和后缘机动襟翼。

起落架
起落架为三点式可回收起落架。

01:26:03

面对攻城行动，敌军调用 B-24D 轰炸机，该机机身粗壮，实用性极强，射击精度高，机身各侧的枪械构成了一个强大的火力网，炸弹舱容量大，可提供足够的火药支持。然而敌军战略失误，启用 B-24D 轰炸机的时间晚了很多，它的加入无力扭转空中战局。随着最后一架敌机的离去，空战全面胜利，为接下来的攻城行动赢得了宝贵的时间。

B-24D 轰炸机

生 产 国：美国
机 身 长：20.47 米
机　　 高：5.49 米
起飞限重：29500 千克
最高时速：467 千米/时
升　　 限：8540 米

武器配备

B-24D 轰炸机主要配备 10 挺 12.7 毫米机枪，机身下方还可大量地挂载各种类型的炸弹。

B-24D 轰炸机是 B-24 系列轰炸机的大量生产型号。B-24 系列轰炸机是美国研发的远程轰炸机，绰号"解放者"。在第二次世界大战的很多战场上，出现了其巨大的身影。该飞机粗壮的机身不仅具有极强的实用性，而且非常容易辨认，机头有一个透明的投弹瞄准舱，上下前后及左右两侧均设有自卫枪械。该飞机航程能达到 5954 千米，载弹量大，战场生存能力非常强。

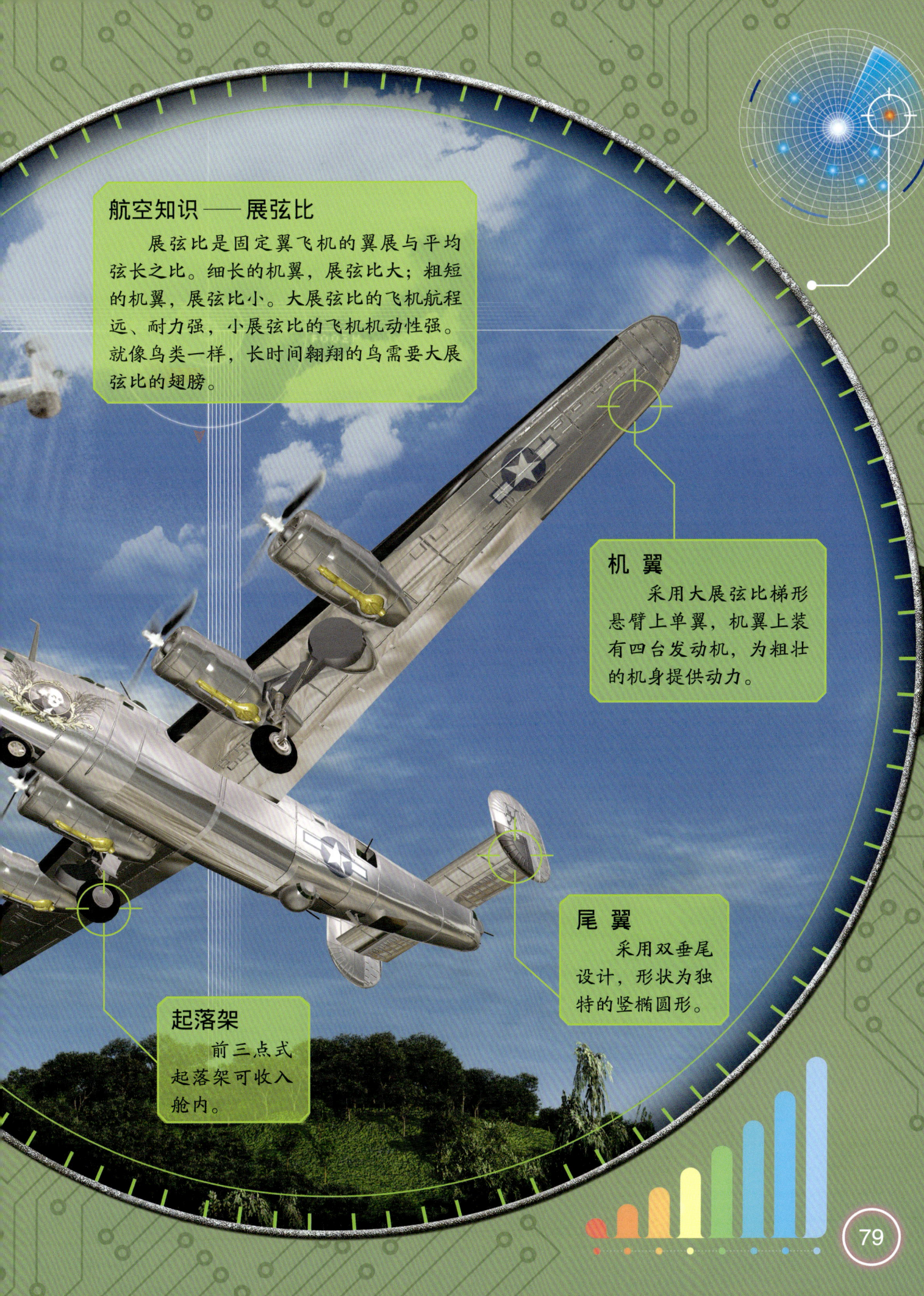

航空知识——展弦比

展弦比是固定翼飞机的翼展与平均弦长之比。细长的机翼，展弦比大；粗短的机翼，展弦比小。大展弦比的飞机航程远、耐力强，小展弦比的飞机机动性强。就像鸟类一样，长时间翱翔的鸟需要大展弦比的翅膀。

机翼

采用大展弦比梯形悬臂上单翼，机翼上装有四台发动机，为粗壮的机身提供动力。

尾翼

采用双垂尾设计，形状为独特的竖椭圆形。

起落架

前三点式起落架可收入舱内。

01:11:52

距倒计时结束还有1小时11分，对绝境王城的最后进攻正式开始。所有人重新编队，准备占领敌军指挥部，但进入城市后如何保障平民安全是我们面临的又一挑战。卡尔用火力超强的马克沁机枪，为我们提供掩护。我与其他战士向敌军指挥部前进。

马克沁机枪

- 生　产　国：美国
- 口　　　径：11.43毫米
- 枪　　　长：1175毫米
- 枪身质量：27.2千克
- 发射方式：单发、连发
- 弹容量：333发

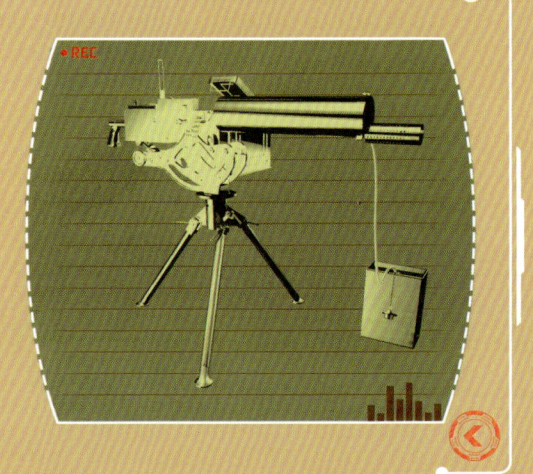

马克沁机枪是美国工程师海勒姆·斯蒂文斯·马克沁于1884年研制成功的重机枪，也是世界上第一种真正成功的靠火药燃气完成自动发射的机枪。该枪采用水冷枪管，在近代战争中曾被普遍使用。

自动机枪的"鼻祖"

马克沁机枪是当之无愧的自动机枪"鼻祖"。在马克沁机枪还没有出现之前，人们使用的枪都是非自动枪，也就是子弹需要装一颗发一颗。1884年，马克沁机枪问世，它是一支真正意义上的全自动机枪。利用火药能量作为动力，将空弹壳退出并抛至枪外，然后枪机推弹到位，再次击发，直到子弹打完为止，这为射击者节省了很多时间。

马克沁机枪运用了复进簧、可靠的抛壳系统、弹带供弹机构、加速机构、射速调节油压缓冲器等先进模块。这些先进的机构让该枪每分钟可发射600余发子弹，到现在枪械设计依然遵循着由马克沁首创的以火药能量实现自动射击的三大基本原理——枪管后坐式、枪机后坐式和导气式。

生命收割机

马克沁机枪一出现就显示出卓越的性能。1893年的祖鲁战争，罗得西亚50名士兵使用4挺马克沁机枪对付5000名祖鲁人，最终使3000人死于枪下。第一次世界大战的索姆河战役，德国以平均每100米1挺马克沁机枪的火力密度，一天之内就使6万名英军士兵伤亡……从此马克沁机枪的威力被比喻为"生命收割机""白色烟雾下的魔鬼画笔"，这都形象地表明了使用者和被攻击者对马克沁机枪的敬畏之心。

马克沁机枪的自动方式为枪管后坐式：发射瞬间，枪机和枪管扣合，共同后坐 19 毫米后枪管停止，通过肘节式机构进行开锁；同时枪机继续后坐，通过加速机构使枪管的部分能量传递给枪机，完成抽壳和抛壳，再带动供弹机构，使击发处于待击状态；压缩复进簧，撞击缓冲器，然后在弹力作用下复进，将第二发子弹推入枪膛，闭锁，再次击发。

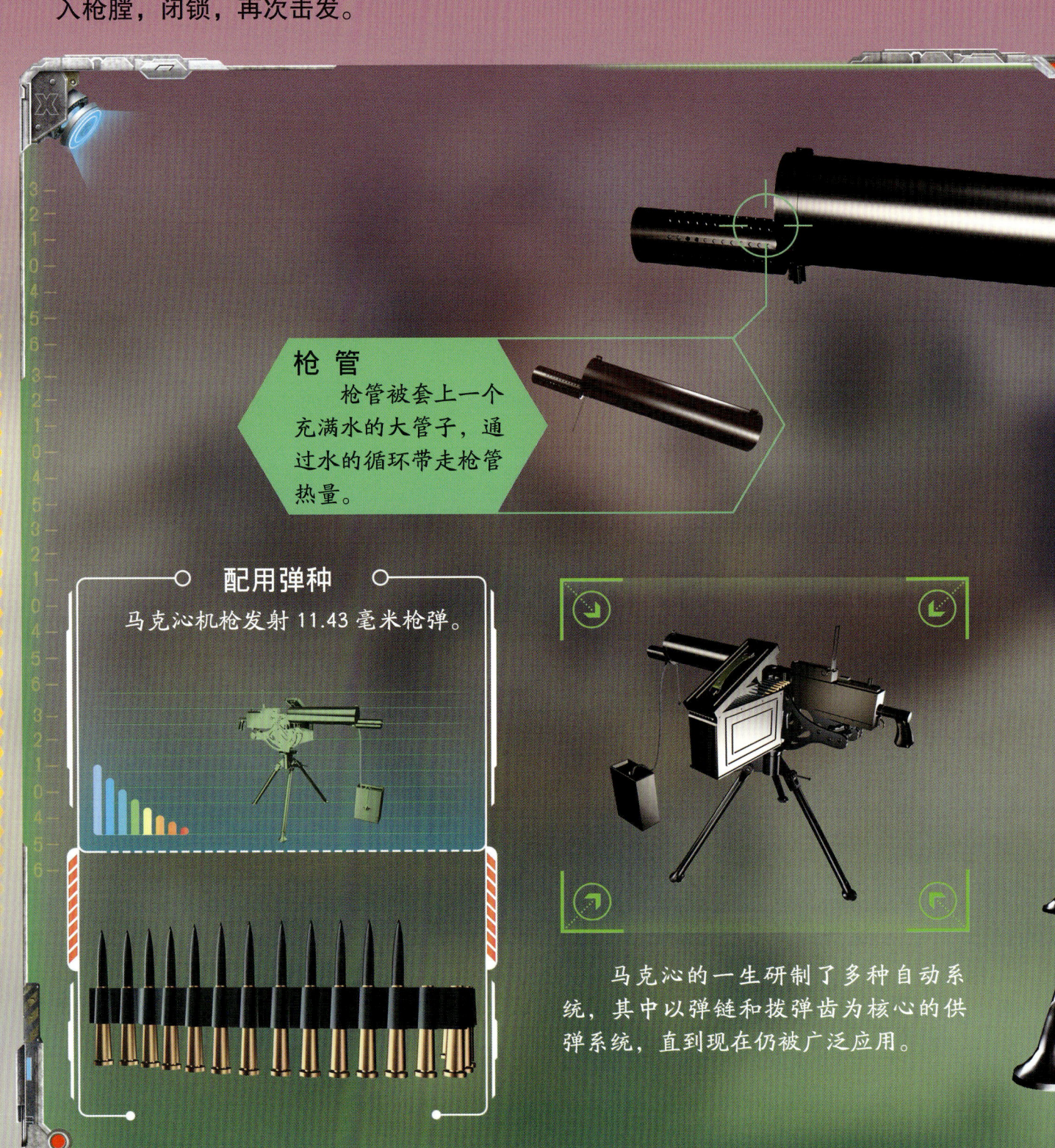

枪 管
枪管被套上一个充满水的大管子，通过水的循环带走枪管热量。

配用弹种
马克沁机枪发射 11.43 毫米枪弹。

马克沁的一生研制了多种自动系统，其中以弹链和拨弹齿为核心的供弹系统，直到现在仍被广泛应用。

为了给因连续高速射击而发热的枪管降温冷却，马克沁机枪采用了水冷方式，但也正是这种设置，让它有了一个弱点——笨重，不容易机动。所以很多军队将它放在摩托车、军舰、装甲车、坦克等机动运输工具上。该枪拥有独特的帆布式弹带，保证有足够的子弹用于快速发射，弹带末端还有锁扣装置，可以连接更多的弹带，以便长时间射击。

三脚架

战场上为了让机枪稳定，会在三脚架上压上沙袋等重物。

⏱ 00:53:32

越靠近敌军指挥部，敌军火力越密集，双方交战越激烈。马克的枪法很准，不愧是百发百中的狙击高手。他使用的汤普森冲锋枪火力猛、精度高，能给敌军造成火力压制。在战士们的紧密配合下，敌军的一名坦克射手被成功击毙，该坦克丧失了战斗力。经过激烈交战，我们到达既定位置，这里离敌军指挥部只有一步之遥，是早就选好的进攻地点。

汤普森冲锋枪

生　产　国：美国
口　　　径：11.43 毫米
枪　　　长：852 毫米
全枪质量：4.9 千克
发射方式：单发、连发
容弹量：20 发、30 发（弹匣）

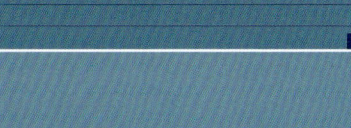

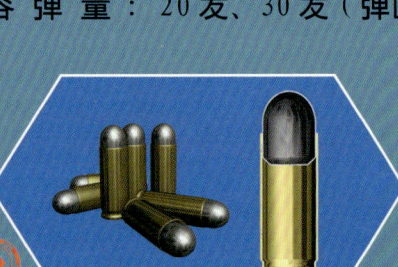

配用弹种

汤普森冲锋枪发射 11.43 毫米柯尔特自动手枪弹，这是世界上高精度、大威力的手枪弹之一。

　　汤普森冲锋枪虽然是以美国将军汤普森的名字命名的，但它却是由美国人Ｏ.Ｖ.佩思和Ｔ.Ｈ.奥克霍夫设计的。该冲锋枪的前身是 M1919 式冲锋枪，后经过多次改进，1942 年正式装备美军，成为美军的第一支制式冲锋枪。该枪采用独特的半自由枪机式工作原理，具有威力大、火力猛等特点，是美国在第二次世界大战期间生产的最著名的冲锋枪之一。

芝加哥打字机

汤普森冲锋枪开枪的时候会发出嗒嗒嗒的声音,很像当时的打字机,因此被称为"芝加哥打字机"。由于它具有强大的威力,它曾被一些匪徒利用,使该枪的名声变得很坏。直到第二次世界大战爆发后,该枪才逐渐被人看好。

瞄准器

汤普森冲锋枪各型号均采用机械瞄准具,准星为片状。

枪 管

枪管外部有环形散热槽,保证枪管的使用寿命。

00:33:41

我带领战士从左侧切入,与马克带领的战士形成包围圈。我手中的波波莎冲锋枪,为进攻提供稳定强悍的火力支持。进入指挥部时,倒计时只有30多分钟了,敌军一定会负隅顽抗,采取躲避战术,因为现在,敌军只要拖延时间,等待倒计时归零,就可以不战自胜。时机成熟,我们准备发起最后强攻,我下达进攻命令后,所有战士迅速出击,打响最后一战。

波波莎冲锋枪

生 产 国:苏联
口　　径:7.62毫米
枪　　长:843毫米
全枪质量:3.63千克
发射方式:单发、连发
容 弹 量:71发(弹鼓)

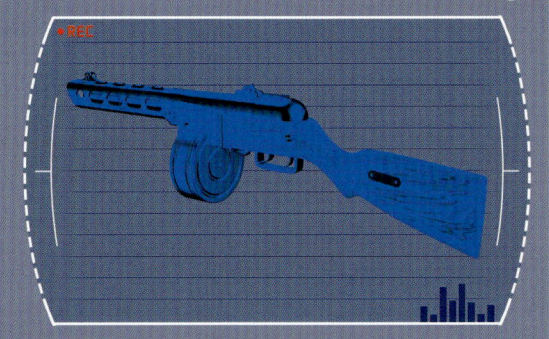

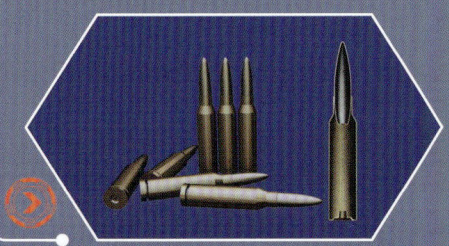

配用弹种

波波莎冲锋枪发射7.62毫米托卡列夫手枪弹。这种枪弹使用范围广,至今仍是一些国家的现役枪弹。

波波莎冲锋枪是由苏联轻武器设计师格里戈利·斯帕金设计的冲锋枪,1940年12月成为苏联军队的制式装备。波波莎冲锋枪的结构简单,但性能优良,近战威力强大,利用子弹发射时的燃气来完成击发、退膛抛壳、上弹复进、再击发的自动过程。该枪是第二次世界大战期间最经济、最实用、最有效的武器,是当时冲锋枪中的霸主。

枪 管

枪管和枪膛内侧都进行了镀铬防锈处理，具有极高的耐用性。

威力强大的波波莎

波波莎冲锋枪的击发直接由气体推动来完成，它所配用的托卡列夫手枪弹近似步枪弹，使得波波莎具有200米内极佳的射击准确性，加上71发子弹可在5秒内射出，在实战中威力强大。

弹 鼓

装上造型独特的圆形弹鼓，让该枪看起来与众不同。

经过将近20分钟的近战，我们成功占领敌军指挥部，但其中2名敌军士兵采取极端手段，他们劫持了1名人质。此次任务要求中有一条：保证平民的安全，我们必须立即营救人质。一路追逐，我们将2名敌军士兵堵截在地铁站内。考虑到人质和周围平民的安全，我们收起了大火力枪械，选择手枪作战。卡尔拿着的是格洛克17式9毫米手枪。

格洛克17式9毫米手枪

生 产 国：奥地利
口　　径：9毫米
枪　　长：186毫米
全枪质量：0.62千克（不含弹匣）
发射方式：单发
容 弹 量：17发

配用弹种

格洛克17式9毫米手枪发射9毫米帕拉贝鲁姆手枪弹。该弹生产容易且价格便宜。

格洛克系列手枪是奥地利格洛克公司研制的著名产品，其基本型格洛克17式9毫米手枪是应奥地利陆军的要求于1983年开始研制的。该系列手枪广泛采用塑料件，使枪体质量减轻，全枪只有32个零件，容易分解，便于维修，而且保险装置可靠，容弹量大，使用和操作都非常简单。先后装备了40多个国家的军队和警察队伍。

瞄准器

采用固定准星和缺口式照门，照门和准星对在一起与眼睛形成三点一线，进行瞄准射击。

格洛克手枪系列家族

格洛克系列手枪已经发展成为具有4种口径、8种型号的格洛克手枪家族。它们的共同特点是：质量轻、性能好、结构安全。基本型格洛克17式9毫米手枪，是当之无愧的现代名枪。

劫持人质的两名敌军使用的是P7M13手枪。在对峙过程中,卡尔和我看准时机,果断射击。随着两名敌军倒地,人质安全,攻城之战全面获胜。虽然这只是一次虚拟的演习,却依然充满挑战,我们身处其中,不但感受到了战争的残酷,也让战士们之间更加深入地了解彼此,掌握了更多的武器知识,在未来的训练中能自如应用。我们迅速集结,准备返回。

P7M13 手枪

生 产 国:德国
口　　径:9毫米
枪　　长:175毫米
全枪质量:0.85千克
发射方式:单发
容 弹 量:13发

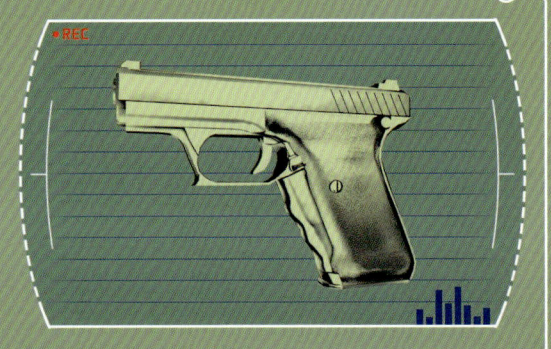

配用弹种

P7M13手枪发射9毫米帕拉贝鲁姆手枪弹。此弹是卵形铅心被甲式弹头,弹壳为筒形。

P7系列手枪是德国赫克勒·科赫(HK)公司设计研制的半自动系列手枪。其中有P7M8、P7M13、P7K3等多种改进型号。该系列手枪体积小巧,便于携带,枪管直接固定在套筒座上,简化了结构,提高了射击精度;而且操作简便,遇到紧急情况,只要拿起手枪,握住握把,手枪就自动处于击发预备状态,放下手枪,则自动处于安全状态。

枪 管

多边形膛线镀铬，铬层不易脱落，在膛压一定的情况下，可增加弹头初速，提高枪管的使用寿命。

瞄准器

采用机械瞄准具，准星可调高低，照门可调高低和风偏。

活跃的 P7 系列手枪

P7 系列手枪诞生以后，不仅在德国警察和军队中服役过，而且还曾被世界多个国家的军警部队所使用。现在，英国的 SAS 特别空勤团、美国三角洲特种部队、美国中央情报局等众多著名部队和机构仍在使用该系列手枪。

00:00:09

倒计时即将归零，我们坐在AH-64A武装直升机上，看着被夕阳染红的天边，感受着温暖的阳光，回想整场战斗紧张而激烈的过程。作为1名士兵，在一次又一次的虚拟战斗中，不断完善自我。在紧张的战场上，你必须时刻保持冷静的头脑，随时做出准确的判断。而身为队长，要肩负起更多的责任。猎鹰小队时刻准备着，下次任务再见！

AH-64A 武装直升机

生　产　国：美国
机　身　长：17.76米
机　　　高：4.05米
起飞限重：10433 千克
最高时速：365 千米/时
悬停高度：3505 米（无地效）

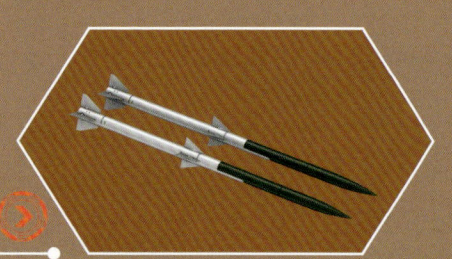

武器配备

AH-64A 武装直升机主要配备 4 个外挂点，可挂载多种弹药发射器，以及反坦克导弹。

AH-64A 是 AH-64 系列武装直升机的第一种量产型号，1984 年 1 月 AH-64A 正式交付使用。AH-64 系列武装直升机是美国休斯直升机公司研制的最先进的战斗直升机，绰号"阿帕奇"。该系列直升机的机身和前后座舱均采用特殊的防护装甲，可有效抵御炮弹的袭击。另外，该直升机还装有目标截获和飞行员夜视系统，可提高复杂气象条件下和夜间的作战能力。

尾翼
机身后面有垂尾和水平尾翼，上面装有一个小尾桨。

"阿帕奇"名称的由来
美军喜欢用一些印第安部落的英雄名字来命名武器，"阿帕奇"就是其中之一。相传，阿帕奇是一名战士，他英勇善战，且战无不胜，被印第安人奉为勇敢和胜利的象征。

螺旋桨
四片桨叶全铰接式旋翼系统，旋翼桨叶翼型是经过修改后的大弯度翼型。

机身
机身采用半硬壳结构，机身前方为纵列式座舱，副驾驶员或炮手在前座，驾驶员在后座。

起落架
起落架为不可收放的后三点式。

图书在版编目（CIP）数据

超级武器：绝密任务 . Ⅱ，要塞之战 / 肖叶主编；张柏赫编著 . — 长沙：湖南少年儿童出版社，2020.9
　ISBN 978-7-5562-4761-5

　Ⅰ . ①超… Ⅱ . ①肖… ②张… Ⅲ . ①武器—少儿读物 Ⅳ . ①E92-49

中国版本图书馆CIP数据核字（2020）第042175号

超级武器
Chaoji Wuqi
绝密任务Ⅱ 要塞之战
Juemi Renwu Ⅱ Yaosai Zhizhan

总 策 划：周　霞
策划编辑：万　伦
责任编辑：万　伦
营销编辑：罗钢军
质量总监：阳　梅

出 版 人：胡　坚
出版发行：湖南少年儿童出版社
地　　址：湖南省长沙市晚报大道89号　　邮　编：410016
电　　话：0731-82196340　82196341（销售部）　82196313（总编室）
传　　真：0731-82199308（销售部）　82196330（综合管理部）
常年法律顾问：湖南崇民律师事务所　柳成柱律师
印　　刷：湖南印美彩印有限公司
开　　本：889 mm×1194 mm　1/16
印　　张：6
书　　号：ISBN 978-7-5562-4761-5
版　　次：2020年9月第1版
印　　次：2020年9月第1次印刷
定　　价：45.00元

版权所有　侵权必究

质量服务承诺：若发现缺页、错页、倒装等印装质量问题，可直接向本社调换。
服务电话：0731-82196362